浙江省科协育才工程资助项目 (2018YCGC010)

Talent Project of Zhejiang Association for Science and Technology (2018YCGC010)

PEIDIAN DIANLAN XIANLU JIANCE JISHU

配电电缆线路检测技术

国网浙江省电力有限公司电力科学研究院　组编

谢　成　邵先军　主编

中国电力出版社

CHINA ELECTRIC POWER PRESS

内 容 提 要

为落实国家电网有限公司"人才强企"战略，继续高效、高质量地培养配电电缆线路检测技术的专业人才，全面提升从业人员的技术技能以及管理水平，国网浙江省电力有限公司在总结多年来开展配电电缆线路检测技术研究与应用成果的基础上，联合中国电力科学研究院武汉分院共同编写了《配电电缆线路检测技术》。本书在内容定位上以配电电缆线路检测从业人员岗位工作标准为依据，突出了核心知识点介绍，关键操作技能讲解，结合了电力行业最新的政策、标准、规程、规定以及电力电缆检测的先进技术；在写作方式上，按照深入浅出、浅显易懂的原则，避免涉及相关技术理论的烦琐推导和验证过程。

全书包含配电电缆的故障与缺陷、检测技术与试验方法、主要的试验技术、常用的离线检测技术、常用的带电检测技术、检测新技术的发展共六章内容。

本书可供从事配电电缆线路安装施工、运行维护、检修试验等专业的人员使用，也可作为相关专业的培训用书。

图书在版编目（CIP）数据

配电电缆线路检测技术 / 谢成，邵先军主编；国网浙江省电力有限公司电力科学研究院组编. —北京：中国电力出版社，2020.8（2022.5 重印）
ISBN 978-7-5198-4752-4

Ⅰ. ①配… Ⅱ. ①谢…②邵…③国… Ⅲ. ①配电线路–电缆–检测 Ⅳ. ①TM726.4

中国版本图书馆 CIP 数据核字（2020）第 106696 号

出版发行：中国电力出版社
地 址：北京市东城区北京站西街 19 号（邮政编码 100005）
网 址：http://www.cepp.sgcc.com.cn
责任编辑：罗 艳 邓慧都 高 芬
责任校对：黄 蓓 王海南
装帧设计：张俊霞
责任印制：石 雷

印 刷：河北鑫彩博图印刷有限公司
版 次：2020 年 8 月第一版
印 次：2022 年 5 月北京第三次印刷
开 本：787 毫米×1092 毫米 16 开本
印 张：9.5
字 数：215 千字
印 数：1101—1600 册
定 价：76.00 元

编 委 会

编写人员

主　编　谢　成　邵先军

编写人员　王昱力　刘黎明　金　强　陈承平　王子凌

　　　　　曹张洁　周成钢　孙　翔　周金辉　赵　深

　　　　　张　弛　沈　伟　刘文灿　苏毅方　马振宇

　　　　　陈　超　赵启承　曹俊平

编写单位

国网浙江省电力有限公司电力科学研究院

国网浙江省电力有限公司

中国电力科学研究院有限公司

国网浙江省电力有限公司培训中心湖州分中心

国网浙江省电力有限公司温州供电公司

国网浙江省电力有限公司杭州供电公司

浙江省电力学会

前　言

随着社会经济持续快速增长及城市化进程的不断提速，近年来城市、城镇的配电网规模迅速扩大，配电电缆作为城市的主要供电通道，其安全稳定运行对城市重要负荷的供电可靠性起到关键作用。在部分城市中心用电负荷高增长区域，由于通道资源紧张，导致通道断面内实际电缆敷设回数严重超过设计标准，给配电电缆的运行管理带来较大的风险。电缆局部缺陷故障一旦扩大化，将导致"火烧连营"的重大事故，造成严重的经济损失和社会影响。

配电电缆的科学高效运维对供电可靠性和人身安全至关重要，因此对配电电缆线路施工、运行和维护工作提出了更高要求。随着检测技术和试验手段的快速发展，振荡波与超低频电压下的局部放电检测、介质损耗测量等新型检测技术在配电电缆线路试验及缺陷诊断工作中发挥了重要作用，在国内获得了较为广泛的应用。近年来，国家电网有限公司积极推进配电电缆状态综合检测技术的应用和现场技术监督工作，不断完善状态检测相关技术标准体系与管理规定，先后制定下发了 Q/GDW 11838—2018《配电电缆线路试验规程》和《国家电网公司配电电缆及通道运维管理规定》，实施基于状态检测与状态评价的配电电缆差异化检修策略，进一步提升配电电缆的运维技术和管理水平。

国网浙江省电力有限公司从 2012 年试点开展振荡波局部放电检测工作，从杭州 G20峰会、乌镇互联网大会等重要活动的保供电工作中不断积累经验，全面推进新型检测与状态感知技术的应用，逐步建立了覆盖全省中压电缆网的线路状态检测运维体系，取得了显著的成果和效益。为落实国家电网有限公司"人才强企"战略，继续高效、高质量地培养配电电缆线路检测技术的专业人才，全面提升从业人员的技术技能以及管理水平，国网浙江省电力有限公司在总结多年来开展配电电缆线路检测技术研究与应用成果的基础上，联合中国电力科学研究院武汉分院共同编写了《配电电缆线路检测技术》。

本书在编写过程中，针对配电电缆线路安装施工、运行维护、检修试验三个主要专业方向的人员培训需求，立足服务于一线专业岗位的能力提升。在内容定位上以配电电缆线路检测从业人员岗位工作标准为依据，突出了核心知识点介绍，关键操作技能讲解，结合了电力行业最新的政策、标准、规程、规定以及电力电缆检测的先进技术。在写作方式上，按照深入浅出、浅显易懂的原则，避免涉及相关技术理论的烦琐推导和验证过程。

全书包含配电电缆的故障与缺陷、检测技术与试验方法、主要的试验技术、常用的离线检测技术、常用的带电检测技术、检测新技术的发展共六章内容。第一章、第二章、第四章和第六章由国网浙江省电力有限公司电力科学研究院、中国电力科学研究院有限公司共同编写，第三章由国网浙江省电力有限公司培训中心湖州分中心编写，第五章由国网浙江省电力有限公司温州供电公司编写。

本书在编写过程中，参考了国内外相关文献资料，引用了相关研究机构和专家的研究结论，在此向他们表示衷心的感谢！

由于编者水平有限，虽然经过认真的编写、校订和审核，书中难免存在疏漏和不足之处，恳请读者给予批评指正，使之不断改进和完善。

编　者

2020 年 3 月

目　录

第一章

配电电缆的故障与缺陷

第一节 配电电缆发展概况

中压配电电缆是 6～35kV 电力系统中用于传输、分配电能的重要组成部分，主要用于城市、城镇等采用地下形式的输配电网。目前，中压配电电缆的电压等级主要有 35、20、10（6）kV。截至 2018 年底，国家电网有限公司在运 6～20kV 配电电缆线路 624 000km，其中城市 396 000km，县域地区 228 000km。整体电缆化率已达到 16.2%，其中城市 51.8%、县域地区已超过 7.4%。

一、配电电缆设备

（一）电缆本体

电缆的基本结构为导体、绝缘层和电缆护层三大组成部分，对于 6kV 及以上电压等级的中压电缆，导体和绝缘层外还有屏蔽层。导体是电力电缆用来传输电流的载体，是决定电缆经济性和可靠性的重要组成部分，按导体材料配电电缆可分为铜电缆、铝合金电缆等。导体本身具有电阻，其温升数值是限制电缆载流量的关键因素，电缆导体电阻值应尽可能小。

绝缘层也称为主绝缘，是将导体与外界在电气上彼此隔离的主要保护层，在电缆使用周期内，长期承受正常工作电压以及各种操作过电压和雷电冲击作用，因此，其耐电强度及长期稳定性能是保证整个电缆完成电能输送的最重要部分。电缆按绝缘材料可分为油浸纸绝缘电力电缆、塑料绝缘电力电缆、橡皮绝缘电力电缆等。交联聚乙烯是近年来广泛使用的绝缘材料，具有绝缘电阻高、耐受冲击能力强、介质损耗小、化学性能稳定、耐热性能好等特点。目前国内用于配电网的中低压电力电缆大多是采用交联聚乙烯（XLPE）电力电缆（简称 XLPE 电力电缆）的多芯电缆。

屏蔽层多用于 10kV 及以上的电力电缆，一般都有导体屏蔽层和绝缘屏蔽层。电缆绝缘线芯均设计有分相导体屏蔽，单芯或三芯电缆绝缘线芯的屏蔽应由导体屏蔽和绝缘屏蔽组成。导体屏蔽层是挤包在电缆导体上的非金属层，与导体等电位。一般 6kV 及以上电压等级的配电电缆设有导体屏蔽层，用于消除导体与绝缘之间的空隙，使得导体与绝缘之间紧密接触，消除导体表面尖端效应，从而改善导体周边的电场分布并起到热屏蔽的作用。

绝缘屏蔽层也称为外屏蔽层或外半导电层，是挤包在电缆主绝缘上的非金属层，实现电缆主绝缘与接地金属屏蔽之间的过渡，具有半导电性质。一般 6kV 及以上电压等级的配电电缆必须设有绝缘屏蔽层。绝缘屏蔽层主要用于消除绝缘层与接地导体间的空隙，消除接地铜带表面的尖端效应，改善绝缘层表面的电场分布。35kV 及以下电压等级电缆一般采用可剥离型的绝缘屏蔽层，且具有良好的附着力，剥离后没有半导电颗粒残留。

接地金属屏蔽层是包裹在绝缘屏蔽层外的铜带或铜丝，主要用于保护人身安全以及实现电缆与外界电磁屏蔽。

电缆护层由铠装层和外护套构成。铠装层是在内衬层外缠绕镀锌钢带，外护套是电缆最外层的绝缘护套，用于保护在电缆敷设、施工以及运行过程中机械外力和水、火等外部环境对电缆内部结构的损伤。

用于中低压配电领域的电力电缆主要有用于单相回路的双芯电缆，三相系统用的三芯电缆，三相四线制用的四芯电缆以及高要求场合下的五芯电缆（四芯电缆中加一保护线）。常见的中压电力电缆多为如图 1-1 所示的三芯圆形结构。

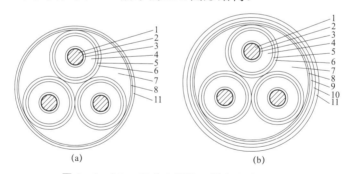

图 1-1　35kV 三芯交联聚乙烯电力电缆结构

（a）无铠装；（b）有铠装

1—铜芯导体；2—半导电包带；3—导体屏蔽层；4—交联聚乙烯绝缘；5—绝缘屏蔽层；
6—铜屏蔽带；7—填充料；8—无纺布包带；9—内护套；10—铠装；11—外护套

（二）电缆附件

电缆终端和电缆接头统称为电缆附件，它们是电缆线路不可缺少的组成部分。电缆终端是安装在电缆线路的两端，具有一定的绝缘和密封性能，使电缆与其他电气设备连接的装置。按使用的环境的不同电缆终端可分为户内终端、户外终端、变压器终端等。

电缆接头是安装在两段电缆之间，使两段及以上的电缆导体联通，使之形成连续的电路并具有一定绝缘和密封性能的装置。

按照技术工艺分类，35kV 及以下电压等级交联聚乙烯电缆终端和接头共有 7 大类，即绕包式、预制装配式、热缩式、冷缩式、可分离连接器、模塑式和浇铸式。目前国内使用较多的是硅橡胶材料的冷缩式附件，具有一体化生产、质量可控、安装方便等特点，其次为热缩式附件，预制式等其他形式的附件较少。

（三）附属连接设备

附属连接设备是指与配电电缆线路终端相连接的电气设备，例如电缆分支箱、环网柜、开关柜等。当配电网中容量不大的独立负荷分布较集中时，可使用电缆分支箱进行电缆多分支的连接，因为分支箱不能直接对每路进行操作，仅作为电缆分支使用，电缆分支箱的主要作用是将电缆分接或转接。常用电缆分支箱分为美式电缆分支箱和欧式电缆分支箱。部分带负荷开关的户外电缆分支箱可实现环网柜的功能，用于线路走廊受限或配电房落地较为困难的情况下。可方便电缆支线的运维检修，减少停电损失。

环网柜是用于 10kV 电缆线路环进环出及分接负荷的配电装置。电缆线路通过户内终端接入位于环网柜内电缆仓的接线端子。环网柜中用于环进环出的开关采用负荷开关，用于分接负荷的开关采用负荷开关或断路器。环网柜按结构可分为共箱型和间隔型，一般按每个间隔或每个开关称为一面环网柜。目前，中压电缆网中较为多见的欧式环网室，是指由多面环网柜组成，用于 10kV 电缆线路环进环出及分接负荷、且不含配电变压器的户内配电设备及土建设施。美式环网箱是指安装于户外、由多面环网柜组成、有外箱壳防护，用于 10kV 电缆线路环进环出及分接负荷、且不含配电变压器的配电设施。此外，进出配电室、箱式变电站的配电线路大多也通过环网柜实现电缆的分接。

二、电缆线路通道

配电电缆主要采用直埋、电缆沟、排管、隧道等方式敷设。

（1）直埋敷设方式是将电缆敷设入地下壕沟中，沿沟底和电缆上覆盖软土层，且设保护板后再埋齐地坪。由于直埋敷设的电缆容易受到外力破坏，受周围地质环境影响较大，当前城市城镇地区电网已较少采用。

（2）电缆沟敷设方式指封闭式不通行但盖板可开启的电缆构筑物，且布置与地坪相齐，主要适用于不能直埋的区域，如人行道、变（配）电站内、工厂厂区。

（3）排管敷设方式指将电缆敷设于混凝土管、复合材料管等管道中的敷设方式，多用于穿越铁路、公路等区域。

（4）隧道敷设方式一般是容纳电缆数量较多的全封闭地下电缆构筑物，有供安装和巡视的通道。电缆隧道入口处一般都设置有效的技术管控措施或监控设备。此外，当电缆敷设路径需穿越城市江河湖泊时，也可能利用市政桥梁或新建电缆专用桥梁建成电缆桥梁通道，另有少部分电缆线路直接敷设于江、河、湖、海等水下区域。目前配电电缆的敷设一般多采用排管和电缆沟，以浙江省为例，排管敷设方式占比约 70%，其次是电缆沟敷设方式占比约 20%。近年来，随着城市综合管廊的开发应用，在城市地下建造的市政公用隧道空间，将电力、通信、供水等市政公用管线，根据规划的要求集中敷设在一个构筑物内，实施统一规划、设计、施工和管理。部分城市新规划建设的城区、工业园区的电力电缆也可能采用综合管廊敷设。

三、系统接地方式

与架空线路不同，电缆线路由于电缆本体电容值较大，电缆网的系统电容电流随着线路的长度和敷设方式的不同而变化。随着城市、城镇电网电缆化率的逐年快速上升，系统电容电流不断增长。由于电缆线路之间联络较强，系统发生单相接地时较大的故障电流以及弧光过电压极易引发设备击穿、烧损，甚至引起电缆沟起火从而导致多回路停电的扩大事故。电缆网中性点接地方式与供电可靠性、过电压与绝缘配合、继电保护等密切相关，直接影响了人身安全以及电网和设备的可靠稳定运行。

目前，国内 10kV 电缆网大多采用中性点经消弧线圈或低电阻接地方式，20、35kV 电缆网则多采用中性点经低电阻接地方式，低压电缆网采用中性点直接接地的方式。中性点经消弧线圈接地方式广泛应用于 10～35kV 系统，系统发生单相接地故障电流仅为经消弧线圈补偿后很少的残余电流，使电弧不能维持而自动熄灭，起到抑制电弧重燃作用。由于消弧线圈产生的感性电流补偿电网产生的容性电流，可以使故障点电流接近于零，使得配电网可短时间带故障运行，增强了配电系统的供电可靠性。然而，经消弧线圈接地系统发生单相接地故障的系统过电压值较高，容易造成存在缺陷的电缆及附件本体击穿。中性点经地电阻接地方式的电阻值一般在 20Ω 以下，单相接地故障电流限制在 400～1000A。依靠线路零序电流保护将单相接地故障迅速切除，同时非故障相电压不升高或升幅较小。低电阻接地主要适用于电缆网或是以电缆为主的配电系统中，可降低单相接地弧光接地、谐振过电压，使一些瞬间故障不致发展扩大成为绝缘损坏事故，特别是当同沟敷设紧凑布置的电缆发生故障时降低对邻近电缆的影响。

第二节 典 型 故 障

一、典型故障类型

配电电缆故障可发生于电缆本体、电缆附件及附属连接设备。典型的配电电缆故障类型可以进行如下分类。

（1）开路：主要以断线为主。

（2）短路：包括导体与大地短路、导线间短路。

（3）闪络：例如绝缘老化后绝缘电阻下降，泄漏电流增大。

电缆系统的短路故障比开路故障更加普遍。相比于中高压电缆，开路故障通常发生在低压电缆中。短路故障可以是大地和导体之间或在两个导体之间。所有电压等级都会发生短路故障，短路可能会导致电缆系统的保护装置的动作并使得线路跳闸。短路故障会以热（高温）的形式引起受影响的电路的电力损失，并可能导致灾难性的后果，如火灾或爆炸。导致电缆系统发生短路的主要原因有：过热或老化引起的电缆绝缘故障，松脱的电缆终端，挖掘而造成的地下电缆的意外损坏，电缆断裂，因潮湿、灰尘或污染物而造成的终端故障等。

正常的开路电流路径被中断一般是由于导线断线。开路故障通常是物理变化，如电缆本体内一相或多相芯线断线，终端与导体中断，架空导线破损等。

常见的电缆故障主要有如图 1-2～图 1-7 所示的中间接头击穿、电缆终端炸裂、电缆分支箱故障、外力破坏导致本体故障、中间接头故障引发断线和接头浸水老化击穿等。

图 1-2　中间接头击穿

图 1-3　电缆终端炸裂

图 1-4　电缆分支箱故障

图 1-5　外力破坏导致本体故障

图 1-6　中间接头故障引发断线

图 1-7　接头浸水老化击穿

在中压电缆中，绝缘电阻的下降可能会导致局部放电或电晕效应，随后由于过多的热量和泄漏电流引起的空气电离可导致绝缘材料的劣化。通常表现为正常电压时电缆处于良好的绝缘状态，不会存在故障，一旦电压值升高到一定范围内或是一段时间后某一电压持续升高，导致电缆绝缘的薄弱点瞬间击穿，造成闪络故障。

二、故障原因分析

通过对搜集到的配电电缆线路运行数据进行分析，可以将配电电缆的故障原因分为质量问题、施工安装问题、老化和外力破坏等。

1. 质量问题

电缆及附件的质量问题对电力电缆的安全运行有直接影响。电缆在制造或组装过程中出现的缺陷会导致运行过程中电场分布的变化，使得局部电场强度增加，加大了器件损坏风险。电缆产品设计时材料选用不恰当、防水性差，本体绝缘层厚度不均有杂质，金属护层厚度偏小，电阻偏低，附属设施连接松动，都属于此类故障。此外，运输、储藏时封闭不严而导致的绝缘受潮也会引起电缆故障。

2. 施工安装问题

在施工人员对电缆线路进行敷设、组装的过程中，由于作业水平不足或者操作失误，就会导致一些非故意引起的电缆故障隐患。例如，电缆绝缘层、屏蔽层因电缆转弯敷设时过度弯曲而损坏，电缆接头或终端制作过程中绝缘层过度切割或刀痕太深，电缆绝缘混入杂质或水分，电缆终端与环网柜接线端子压接不可靠，竣工验收采用直流耐压试验造成接头内形成反电场导致绝缘破坏等，都会造成电缆线路在运行后发生故障。

3. 老化

电缆线路长期运行中出现老化破损也会影响电缆的正常使用。造成主绝缘老化的主要原因有两个方面：部分早期投运的交联电缆设备由于材料和工艺水平限制，制造质量和抗老化性能偏低，在潮湿、高温等恶劣运行环境下长期运行后，交联电缆设备易加速老化并造成绝缘性能明显下降；部分在运的老旧油纸电缆设备由于运行年限过长，绝缘纸老劣化导致电气性能下降。

4. 外力损坏

外力损坏是最为常见的电缆故障原因，电缆遭外力损坏以后会出现大面积的停电事故。例如地下管线施工过程中，电缆因为施工机械牵引力太大而被拉断。电缆绝缘层、屏蔽层因电缆过度弯曲而损坏。此外，动物啮咬等也会导致电缆受到机械性损伤。

此外，还有一些来自电力系统内部的影响也会造成电缆故障。部分电缆设备受所在线路前期规划设计不当影响，负荷转供能力不足，在迎峰度夏（冬）期间运行负荷达到或超过其额定载流量，电力电缆长时间处于重载，如果线路绝缘层里有杂质或者老化，加上雷电、操作等过电压的冲击，超负荷运作产生大量的热量，也会造成电力电缆故障。电缆设备受其他设备（架空线路、变压器、开关等）故障时产生电力系统过电压的影响，例如中性点非有效接地系统发生单相接地时相电压的抬升，弧光接地过电压等均会影响电缆设备安全运行。

日本、加拿大、美国、法国等公布了各自对 XLPE 电缆本体、中间接头及终端头绝缘故障率的统计，其中法国的电力公司（EDF）对工作 15 年的 20kV 故障交联聚乙烯（XLPE）电缆进行调研发现，因第三方外力造成的电缆本体故障率达 50%，附件发生的故障率为 45%，非第三方外力破坏引起的电缆本体故障率仅为 5%。结果表明，除去第三方外力，电缆附件失效是 XLPE 电缆设备出现故障的重要因素。

近年来，随着配电网线路运行长度的不断增长，故障次数和总体故障率都呈现快速增长的趋势。国内各大城市如北京、上海、杭州等地多次发生 XLPE 电缆故障，通过对故障电缆进行解剖分析发现，XLPE 电力电缆在生产、运输、安装和运行过程中，可能因各种原因发生故障。按照故障在电缆系统中发生的部位，可将电缆系统中存在的故障分为电缆本体中可能存在的故障和电缆附件中可能存在的故障两种。根据 2016~2018 年三年来国家电网公司系统 6~35kV 电压等级电力电缆设备运行故障情况不完全统计数据表明（见表 1-1），3197 回次电缆设备故障停运中，电缆本体 2047 回次、终端部位 521 回次、接头部位 629 回次。

表 1-1　　　　　　　　　　　　　电缆设备按故障部位统计表

电压等级（kV）	电缆本体	终端	接头	合计
35	78	20	22	120
20	3	4	6	13
10	1965	494	591	3050
6	1	3	10	14
合计	2047	521	629	3197

在不计外力破坏引发的故障，电缆设备故障率和多数电力设备一样，投入运行初期（1~5 年）容易发生运行故障，主要原因是电缆及附件产品质量和电缆施工安装质量问题。运行中期（5~25 年），电缆本体和附件基本进入稳定时期，运行故障率较低，主要故障是电缆本体绝缘树枝状老化击穿和附件受潮而发生复合介质的沿面放电。运行后期（25 年以后），电缆本体绝缘树枝老化、电热老化以及附件材料老化加剧，导致电力电缆运行故障率大幅上升。

第三节　典　型　缺　陷

一、典型缺陷类型

（一）电缆本体

电缆本体可能存在的缺陷主要是由于生产制造、施工质量、外力破坏、运行中的老化等原因引起，具体类型包括以下 8 类。

（1）电缆绝缘中或绝缘与半导电层间的创伤，如刀痕刮伤、断层、裂纹等；

（2）电缆本体绝缘中的杂质和气泡；

（3）电缆导体线芯表面不光滑，内外半导电层有凸起；

（4）电缆金属护套密封不良及运行中破损，如锈蚀；

（5）电—机械应力；

（6）电缆本体绝缘老化形成的水树枝和电树枝；

（7）电缆外护套受生物或化学腐蚀等；

（8）由于地面振动，热胀冷缩（弯曲）引发的附加机械应力。

其中，缺陷（1）～（3）的形成原因可能是生产制造工艺不良或施工工艺不当，图 1-8 和图 1-9 展示了制造工艺不良导致的严重的电缆本体缺陷；缺陷（4）～（5）主要由于施工原因或第三方外力破坏造成；缺陷（6）主要是由于电缆运行中绝缘老化所造成的；缺陷（7）、（8）主要是环境因素和运行条件造成的。上述缺陷可能造成电力电缆局部电场不均匀，引发局部放电、局部过热、介质损耗增大、泄漏电流中含谐波分量等物理现象。这些物理现象随着电缆运行时间的增加，最终将导致电缆本体的击穿破坏，引发事故，造成重大经济损失。

图 1-8　主绝缘划痕缺陷

图 1-9　芯线偏心度过大缺陷

（二）电缆附件

相比电缆本体绝缘，电缆的附件结构较为复杂，其本身的电场分布较不均匀。因此，电缆附件成为电缆系统中最薄弱的环节，容易发生运行故障，主要原因包括以下 4 种。

（1）产品制造质量缺陷，如接头内部杂质或气隙；

（2）安装质量缺陷，如未按规定的尺寸、工艺要求安装，安装过程中引入潮气、杂质、金属颗粒，外半导电层或主绝缘破损，电缆端头未预加热引起主绝缘回缩过度，导体连接器出现棱角或尖刺，接头应力锥安装错位等；

（3）接头绝缘与电缆本体之间界面缺陷，如握紧力不够、形成气隙；

（4）接头绝缘部件的老化，如电—热多因子老化、进潮、进水、化学腐蚀等加速老化。

缺陷（1）、（2）容易造成电缆中间接头中形成局部场强升高而产生局部放电，加速接头老化，引起接头击穿故障；缺陷（3）、（4）容易造成接头内部发生沿面闪络放电，形成沿电缆绝缘表面的碳化通道，引起接头击穿故障等。图1-10～图1-15展示了几种典型的附件安装过程中的人为缺陷。

图1-10　主绝缘表面金属杂质

图1-11　主绝缘长刀痕

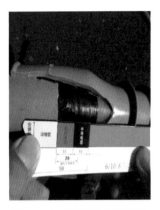

图1-12　终端应力锥移位

图1-13　主绝缘表面半导电杂质

图1-14　压接管错绕绝缘带

图1-15　半导电断口锯齿状缺损

二、缺陷的产生与发展

电缆的缺陷可能在生产制造、施工安装、运行等多个环节被引入并存在于整个生命周期，直至发生电缆故障。在生产制造、施工安装过程中的缺陷会造成电缆早期故障或加速电缆的老化。例如，附件安装过程中引入的气隙、灰尘和突起会造成电缆材料的特性发生不可逆的变化。电缆系统组件由于缺陷产生的应力作用而导致绝缘、接头或终端的老化被称为外源性老化，例如，在聚合物绝缘内的气隙或气泡会导致树的生成。此外，由于多重应力的作用，电缆系统组成部分的内在老化是个缓慢的过程，例如电缆系统接触到各类的应力。表1-2列出了影响电缆状况的因素。

表 1-2 影响电缆状况的因素

热学因素	电学因素	环境因素	机械因素
高温	过负荷	土壤污染 例如泥或化学物质	弯曲半径和扭曲超过建议的制造水平
过低或过高的环境温度	跳变	潮湿	电缆层间挤压
温度梯度	强电场	气候条件：洪水，雨水，阳光，风，冰，环境温度，气体（空气，氧气，二氧化碳）	本地安装和运输过程中的损坏，如剪切，穿刺，空洞
—	电压（交流，直流，脉冲）	野生动物：动物，啮齿动物，昆虫和白蚁	过高的张力

从局部缺陷发展成电缆故障一般受到多因素的影响，从电缆的全寿命周期来看，容易引发故障的缺陷主要有以下 3 种。

（1）制造工艺缺陷。电缆在制造或组装过程中出现的缺陷会导致运行过程中电场分布的变化，使得局部电场强度增加，加大了器件损坏的风险。表 1-3 给出了电缆接头制作工艺缺陷导致的电缆老化过程。

表 1-3 电缆接头制作工艺缺陷分析

原　　因	老化机理/过程	潜在的影响
绝缘中的气隙，杂质，污染	高场强—局部放电—介质损耗上升—温度上升—击穿	降低绝缘强度，提高击穿的风险
半导体层毛刺	高场强—局部放电—介质损耗上升—温度上升—击穿	降低绝缘强度，提高击穿的风险
护套材料不符合要求	水分浸入—水树快速成长—温度上升—介质损耗上升—烧毁	提高了电缆内部结构受损风险
剥电缆时划伤电缆主绝缘（在剥电缆半导体层时，用刀削、破坏了主绝缘层）	高场强—局部放电—介质损耗上升—温度上升—击穿	降低绝缘强度，提高击穿的风险
接地线与电缆屏蔽层未进行焊接导致接触不良	电阻变大—过热—烧毁	温度升高影响电缆负载能力
电缆接头制造时密封不好，雨水或潮气进入	水分浸入—水树快速成长—温度上升—介质损耗上升—烧毁	降低绝缘强度，提高击穿的风险
电缆接头工艺不标准，密封不规范，造成接地	接地电流增大—温度上升—烧毁	温度升高影响电缆负载能力
制作环境湿度偏大，引起制作部位(电缆头)绝缘整体性受潮	水分浸入—水树快速成长—温度上升—介质损耗上升—烧毁	降低绝缘强度，提高击穿的风险

（2）施工人员操作失误。在工作人员对电缆进行组装的过程中，由于培训不够或者工作失误，可能会导致一些非故意引起的电缆故障隐患。例如，电缆连接处的连接不良导致的电缆故障。表 1-4 给出了施工人员操作失误引发的电缆故障过程。

表 1-4　　　　　　　　　　　施工人员操作失误分析

原　因	老化机理/过程	潜在的影响
电缆绝缘被切断	绝缘强度下降—局部放电—介质损耗上升—温度上升击穿	降低绝缘强度，提高击穿的风险
刺穿	绝缘强度下降—局部放电—介质损耗上升—温度上升击穿	降低绝缘强度，提高击穿的风险
安装时缺少电缆部件	失去结构完整性—感应电压上升—接地电流上升—烧毁	泄漏电流上升，温度升高影响电缆负载能力
电缆施工过程中在绝缘表面留下细小的滑痕，半导电颗粒和砂布上的沙粒嵌入绝缘中	高场强—局部放电—介质损耗上升—温度上升—击穿	降低绝缘强度，提高击穿的风险
施工过程中由于绝缘暴露在空气中，绝缘中吸入水分	水分浸入—水树快速成长—温度上升—介质损耗上升—烧毁	降低绝缘强度，提高击穿的风险
竣工验收采用直流耐压试验造成接头内形成反电场导致绝缘破坏	高场强—局部放电—介质损耗上升—温度上升—击穿	

（3）电缆设施老化。电缆设施老化属于较为隐蔽的因素，是长期运行后出现电缆故障的主要因素。表 1-5 给出了电缆设施自然老化引发的电缆故障过程。

表 1-5　　　　　　　　　　　电 缆 设 施 老 化 分 析

原因	老化机理/过程	潜在的影响
弯折	机械性损伤；绝缘强度下降—局部放电—介质损耗上升—温度上升击穿	降低绝缘强度，提高击穿的风险
腐蚀	化学性损伤；绝缘强度下降—局部放电—介质损耗上升—温度上升击穿	降低绝缘强度，提高击穿的风险
浸水	化学性损伤；水分浸入—水树快速成长—温度上升—介质损耗上升—烧毁	降低绝缘强度，提高击穿的风险
外绝缘损伤	水分浸入—水树快速成长—温度上升—介质损耗上升—接地电流上升—烧毁	降低绝缘强度，提高击穿的风险，护层电流升高影响电流负载能力

在生产制造过程中，有绝缘厚度、绝缘纯度、绝缘同心度，缩水率测试和集热试验等在内的质量控制手段被用于电缆的工艺和质量水平测试。在电缆的敷设安装环节，包括相位检查、耐压试验、绝缘电阻测试、电容测试和护套试验等交接验收试验都会在电缆线路投运前实施，以确保整个电缆线路无故障。然而，在生产制造和安装的过程中，这些常规的测试与试验仍然不能检测出所有的缺陷。

第二章

检测技术与试验方法

第一节 离线试验技术

配电电缆离线试验是停电以后对电缆线路进行状态检测的重要手段，在电缆新敷设完成后的交接验收，线路停运改接或电缆故障修复后再次投运之前都需要按照相关标准进行试验。根据施加电压类型的不同，离线试验技术主要有耐压试验技术、超低频试验技术和阻尼振荡波试验技术。

一、耐压试验技术

耐压试验的目的是通过在电缆及附件绝缘结构上施加试验电压，使绝缘薄弱区域也承受一定的电场强度并且最终使缺陷部位发生击穿来检验电缆及附件的绝缘性能，是最基础的电缆试验手段。主要的试验电压类型包括直流、工频、变频、超低频和阻尼振荡波等。

（一）直流电压下的耐压试验

由于电缆试品的容量较大，受试验设备条件的限制，现场对电缆线路进行交流耐压试验有一定困难，所以直流电压方式以其轻便和输出电压高的特点而在国内仍作为电缆交接试验和预防性试验的备选试验方法之一，直流耐压电源的原理如图 2-1 所示。直流电压下一般伴有泄漏电流的测试。

但是，直流电压对于交联电缆耐压试验主要存在以下问题。

（1）直流电压下，电缆绝缘的电场分布取决于材料的体积电阻率，而交流电压下的电场分布取决于介质的介电常数，直流耐压下试验不能模拟 XLPE 电缆运行工况。

（2）由于 XLPE 电缆体积电阻率大，在直流电场的作用下，容易产生和聚集空间电荷，使得缺陷处的电场畸变，从而导致介质局部击穿。

（3）XLPE 电缆在直流电压下会产生"记忆"效应，存储积累单极性残余电荷。产生的直流偏压叠加在工频电压峰值上，使电缆上的电压值远超过其额定电压，从而可能导致电缆的绝缘击穿。

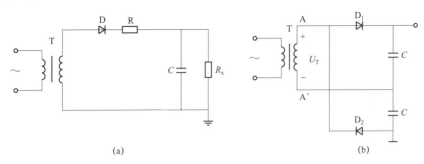

图 2-1 直流耐压电源的原理

（a）半波整流电路；（b）倍压整流电路

（4）XLPE 电缆若进水，易形成水树枝缺陷，在直流电压的作用下，水树枝极易转变为电树枝，加速电缆绝缘的劣化。实践表明，直流耐压试验不能有效发现交流电压作用下的某些缺陷，很多通过了直流耐压试验的电缆在投入运行后依然发生意外的击穿。针对交联电缆直流耐压测试，目前国内电力系统运行单位已不作推荐。

（二）工频电压下的耐压试验

工频正弦波下的电缆耐压最能反映电缆绝缘的实际情况，主要由于以下两方面原因。

（1）电缆是在工频下运行的，其试验电压频率在工频下最为合理，可完全模拟实际运行状况。

（2）从理论上讲，工频耐压试验不但能反映电缆的泄漏特性，并能完全反映电缆的耐压特性。

对电缆进行工频试验的电压获取途径有：系统电压、高压变压器或谐振装置。由于电压等级较高的交联电缆具有较大的电容量，在工频试验时需要有很大功率的设备才能进行。由于变压器最大容许负荷电流的限制，高压变压器获取工频电压的方式只适用于短电缆。变电抗的谐振方式是采用不同的电感来满足工频的需求，由于体积重量价格等因素限制，测试长度有限，一般用于实验室测试，不适合用于竣工试验和投运后诊断性试验。工频串联谐振耐压试验原理框图如图 2-2 所示。

（三）变频电压下的耐压试验

采用谐振耐压试验装置减轻了电源系统的重量，弥补了工频电压设备庞大的不足，改善了现场可操作性。变频耐压试验系统主要有组合高压电抗谐振系统（45～65Hz）、变频谐振电源系统（20～300Hz）和利用空气间隙补偿变压器的谐振系统。

CIGRE WG 21.09《高压挤包绝缘电缆竣工试验建议导则》中推荐使用工频及近似工频（30～300Hz）的交流电压。主要使用满足该标准的调频式串联谐振系统（ACRF），电感为固定形式，试验变压器及试验电压由调谐电源提供，频率范围为 30～300Hz。此类型设备因体积小、重量轻，谐振频率易于调节，因而宜在现场试验中使用。

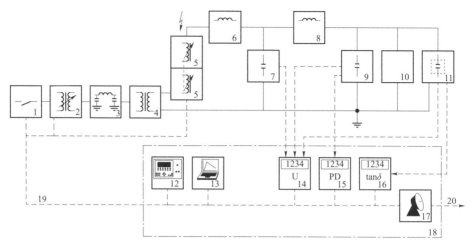

图 2-2　工频串联谐振耐压试验原理框图

—— 电气一次接线；----- 通信/测量接线

1—开关柜；2—调压器；3—用于减小 PD 噪声的低压滤波器；4—励磁变压器；5—高压电抗器；

6—隔离阻抗；7—分压器；8—隔离阻抗；9—耦合电容器；10—带电缆终端的试品；11—压缩气体电容器；

12—操作单元；13—工业 PC；14—峰值电压表；15—PD 测量系统；16—tanδ 测量；

17—遥控进入模块；18—控制和测量系统；

19—总线/控制电缆；20—LAN，Internet

调频式串联谐振（ACRF）测试电路如图 2-3 所示。交流 220V 或 380V 电源，由变频源转换成频率、电压可调的电源，经励磁变压器，送入由电抗器 3 和被试电缆 1 构成的高压串联谐振回路，分压器 2 是纯电容式的，用来测量试验电压。变频器经励磁变压器 4 向主谐振电路送入一个较低的电压，调节变频器的输出频率，当频率满足条件时，电路即达到谐振状态。试验回路的品质因数通常在几十至上百，在较小的励磁电压下，使被试品 1 上产生几十倍的电压。国内外研究人员对 30～300Hz 谐振耐压和工频耐压的等效性进行了研究，通过对比不同电缆缺陷在两种电压下的击穿电压，得出两种电压下的击穿电压相差很小，即谐振电压与工频进行耐压试验的等效性较好。

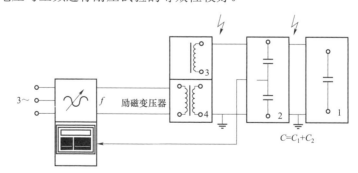

图 2-3　ACRF 测试电路

1—被试电缆；2—分压器；3—电抗器；4—励磁变压器

由于品质因数越高，所需电源容量越小，实际试验回路中的 Q 值一般为 20～70，使得试验系统的重量和体积大大减小，一般为普通试验装置的 1/5～1/3。如图 2-3 中谐振电抗器 3 与被试品 1 处于谐振状态，此电路形成一个良好的滤波电路，故输出电压为良好的正弦波形，有效防止了谐波峰值对试品的误击穿。被试电缆的绝缘弱点击穿时，失去谐振条件，高压电压电流均迅速自动减小，因此不会扩大被试品的故障进一步损坏被试品。由于电抗器的容量较大，在有些场合搬运设备较困难，可靠性和有效性达不到预期效果。目前，国内部分研究机构及供电公司对变频耐压试验的试验效果也提出了质疑，部分线路在通过变频耐压试验后的击穿事件屡见不鲜。

二、超低频试验技术

（一）超低频试验电源

20 世纪 80 年代，鉴于 50Hz 工频交流和直流电源的不足，德国 VDE 标准、欧洲电工技术委员会 CENELEC 标准和美国 IEEE 标准提出使用 0.1Hz 交流超低频耐压试验设备对电缆进行耐压试验，最初为超低频余弦方波。超低频 VLF（very low frequency）的电压频率为 0.01～0.1Hz，常用的为 0.1Hz。根据波形的不同，目前应用于配电电缆线路检测试验的 0.1Hz 交流超低频电压主要有如图 2-4 所示的 0.1Hz 超低频正弦电压（VLF Sine）和 0.1Hz 超低频余弦方波电压（VLF CR）。

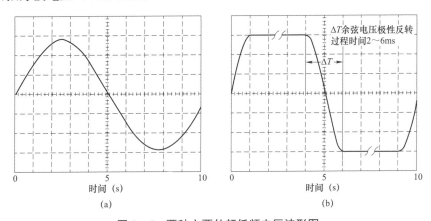

图 2-4　两种主要的超低频电压波形图
（a）0.1Hz VLF Sine 电压波形；（b）0.1Hz VLF CR 电压波形

采用 0.1Hz 电源作为试验电源，理论上可以将试验变压器的容量降低到 1/500，如美国高电压公司推出的 VLF-90CMF 交流耐压试验设备，输出电压可达 90kV，输出电流为 0～100mA，可对试品电容为 0～6μF 的设备进行试验，试验设备中的控制器和高压器质量分别为 34kg 和 82kg。奥地利保尔公司的同类产品整体也只有 100 多千克。试验变压器质量的大大降低，可以方便试验设备移动到现场进行试验。

1. 超低频正弦波（VLF Sine）

超低频正弦波试验装置的设计原理是产生 0.1Hz 的正弦波交流电压源。用超低频以低充电电流，相对较长的时间对试品充电至高压。超低频正弦波避免了其他波形可能产生的高频谐波，而该高频谐波会对试品产生驻波或有害的电压突变。

超低频正弦电压下的电缆测试系统框图如图 2-5 所示，输入功率从一个正常的 220V、50Hz 的电源处获得，输出电压的振幅由调压器 T1 控制，T2 的输出以正弦波模式周期性地增加或减少，频率是两倍的输出频率，这样就产生一个调制工频电压，该调制工频电压经过高压变压器 T3 逐步升压，T3 的输出通过一个能产生单极电压的全波整流器来整流，最后整流器与终端之间的一个极性开关每隔半个周期就会将整流后的电压极性颠倒一次。输出电缆和被测试品的电容将提供充足的滤波，其最终波形是一个高压超低频正弦波。

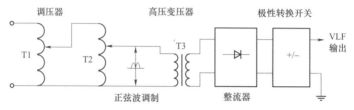

图 2-5　超低频正弦电压下的电缆测试系统框图

2. 超低频余弦方波（VLF CR）

超低频余弦方波电压下的电缆测试系统框图如图 2-6 所示，输入功率从一个正常的 220V、50Hz 的电源处获得，给电缆（$C_{testobject}$）充电至 $+U/-U$，加压到指定的试验电压，持续 5s 后通过一个转换开关（晶体开关 S）使储存在电缆中的电荷放电，其放电过程实际上是对一个由电缆电容、辅助电容和电感组成的 L—C 电路进行充电，紧接着 L—C 电路的余弦振荡功能使储存的全部能量向电缆反充电而极性相反。

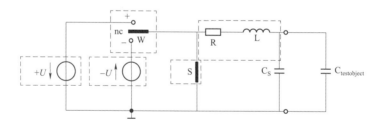

图 2-6　超低频余弦方波电压下的电缆试验接线图

超低频余弦方波电压波形的转换斜率类似 50Hz 的正弦波（见图 2-7）。极性转换时间为 2～6ms [$T=\pi\sqrt{L}\times C=\pi\sqrt{L}\times(0.5+C_{电缆})$]，与 50Hz 工频电压的极性转换时间 10ms 相近。因此在对电缆绝缘缺陷的激励具有与 50Hz 试验相类似的效果，同时避免了直流试验中电缆绝缘残余电荷积累的问题。由于试验电路极性转换过程中的能量损耗很小，只需在每个周期进行少许补充充电。因而，与常规交流电压试验相比，该方法所需的高压电源和试验设备非常小巧、轻便。

3. 两种超低频电压的适用性

在世界范围内电网公司的使用情况来看，超低频电压从主要应用于配电网中的电缆耐压试验，逐渐发展成为一种集耐压、介质损耗测量、局部放电检测的综合性检测技术。超低频试验技术的发展推动了世界各地的应用，广泛而深入的应用又促进了标准的形成。自2012年以来，IEEE、IEC等国际标准组织陆续出台了采用超低频电压进行电缆现场试验的相关推荐性技术规范，检测方法及标准也在不断修改完善中。

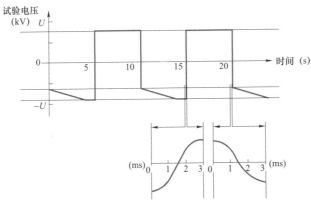

图 2-7　VLF CR 电压波形的极性转换

我国华北、山东、安徽、江苏等地区早些年已经将 0.1Hz 超低频耐压试验列入地方标准，主要应用于中低压电缆的试验。GB 50150—2016《电气装置安装工程　电气设备交接试验标准》规定针对额定电压 U_0/U 为 18/30kV 及以下电缆，当不具备条件时允许用有效值为 $3U_0$ 的 0.1Hz 电压施加 15min 代替常规交流耐压试验。然而，超低频耐压试验方法在 110kV 及以上电压等级的电缆中缺乏使用经验，与常规试验的等效性也没得以验证。图 2-8 给出了当前较为公认的配电电缆超低频试验分类。

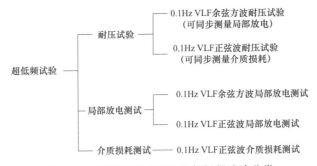

图 2-8　适用于配电电缆的超低频试验分类

据国际大电网委员会（GIGRE）B1.28 工作组统计，目前在局部放电试验中超低频电压使用比例仍然很低。超低频余弦方波电压下的局部放电试验，从试验原理和应用效果来看，目前已受到一定的认可。然而，超低频正弦电压下的局部放电检测效果仍然备受质疑。主要是由于 0.1Hz 正弦波电压相比 50Hz 正弦波电压变化非常缓慢，电缆绝缘中的场强分布受电阻的影响较大，而不像在工频交流电压下那样按电容分布，因此缺陷周围的电场强度减小，使局部放电的起始条件发生变化，需要较高的电压水平才能引发局部放电。对电缆绝缘缺陷局部放电激发过程与效果和运行电压下差异较大。另一方面，对电缆进行 PD 测量时试验所需时间较长，施加的电压水平较高，对电缆绝缘有一定损伤，可能引发新的绝缘缺陷。

超低频正弦电压下的电缆介质损耗角正切值测量技术起源于 20 世纪 90 年代，主要用于诊断交联聚乙烯电缆整体绝缘老化、受潮以及发生水树枝劣化。该技术在欧美地区以及韩国、新加坡、日本等亚太地区应用广泛。国内外研究和应用发现，超低频电源能够在较低电压下有效发现 XLPE 电缆的绝缘受潮和水树枝的运行缺陷。

因此，采用超低频正弦电压进行耐压试验、介质损耗测量或两者组合的同步试验，以及采用超低频余弦电压进行耐压试验、局部放电试验或两者组合的同步试验，是当前较为认可的适用于配电电缆线路现场检测试验的技术。

（二）超低频介质损耗试验

1. 电缆介质损耗原理

在外施交变电场作用下的绝缘介质，因为导电（介质的导电性能）和介质极化（在电场作用下，组成介质的粒子的电荷将发生相对移动，从而导致正、负电荷几何中心发生偏离的现象）的滞后效应，同时在介质中存在能量的消耗，将这一现象定义为介质损耗。流经介质的总电流与阻性电流及容性电流之间的向量关系如图 2-9 所示。

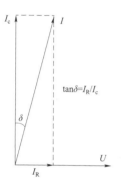

图 2-9 流经介质的总电流与阻性电流及容性电流之间的向量关系

I_c—容性电流；I_R—阻性电流；
I—流经介质的总电流；U—外施电压

XLPE 电缆绝缘等效电路如图 2-10 所示。当绝缘未发生老化时，XLPE 电缆绝缘的体积电阻 R_V 可达 $10^{14}\Omega m$ 数量级，此时 $R \gg \dfrac{1}{\omega C}$，可以用一组串联的电容替代电缆绝缘。

当电缆绝缘中有缺陷存在后，绝缘电阻 R 会减小且不能被忽略。电缆绝缘存在缺陷时的等效电路如图 2-11 所示。

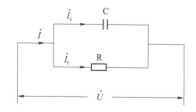

图 2-10 XLPE 电缆绝缘等效电路

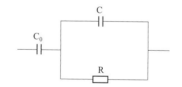

图 2-11 电缆绝缘存在缺陷时的等效电路

当绝缘存在局部缺陷时，局部的介质损耗为 $\tan\delta_p = \dfrac{1}{\omega CR}$，令 $h = \dfrac{C}{C_0}$，电缆整体介质损耗 $\tan\delta$ 的增量为 $\tan\delta = \dfrac{\tan\delta_p}{h + 1 + \tan^2\delta_p}$。当电缆绝缘因运行环境的影响出现整体受潮使得绝缘电阻 R 减小为 R' 时，则电缆整体的介质损耗增量为 $\Delta\tan\delta_{总} = \dfrac{\Delta\tan\delta_p}{h + 1 + \Delta\tan^2\delta_p}$，其中

$$\Delta \tan \delta_{\mathrm{p}} = \left(\frac{1}{R'} - \frac{1}{R} \right) \frac{1}{\omega C} \text{。}$$

可见，当电缆绝缘存在整体或局部缺陷时，$\tan\delta$ 能够较为灵敏地反映出电缆的绝缘状态。$\tan\delta$ 与电缆结构无关，只与材料的特征参数和电压的频率相关。相关研究表明，XLPE 电缆随着老化的加剧，其相对介电常数基本不变，而电导率则会发生明显的变化。绝缘良好的电缆电导率能达到 1×10^{-16}S/m 甚至更小，而当电缆明显老化后，电导率将增加至 1×10^{-11}S/m。相对介电常数取 2.3，则根据式计算所得的 $\tan\delta$ 随频率变化曲线如图 2-12 所示。

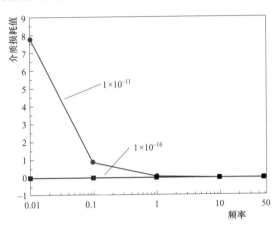

图 2-12 $\tan\delta$ 随频率变化曲线

从图 2-12 中老化电缆与新电缆之间的 $\tan\delta$ 曲线对比可以看出，在 50Hz 下即便电缆老化程度严重，其 $\tan\delta$ 值依然很小（仅为 0.001 56）。随着频率的降低，新电缆与老化电缆之间 $\tan\delta$ 值差别越来越明显。因此，频率越低，$\tan\delta$ 值用于判断电缆老化效果越好。

2. 介质损耗与水树枝关系

水树枝（水树）作为电缆早期劣化形式，被证明是导致绝缘加速老化、劣化的主要原因。根据水树的特点，电缆的击穿强度与水树的长度密切相关，当最长水树达绝缘厚度的 60%~80% 后，电缆的击穿强度会明显降低。然而，由于水树造成的松弛极化损耗主要发生在水树区域与良好区域间的界面上，由于两者的电介质特性的不同而导致界面极化。因此，水树密度越大，其界面累积电荷量越多，界面极化产生的损耗也越大。而电缆内部极少量存在的长水树对于 $\tan\delta$ 值的增加并不明显，但却导致击穿强度明显降低。事实上，这是当前 XLPE 电缆绝缘老化诊断的难点。

IEEE 400.2/D11 推荐通过超低频正弦电压介质损耗测量，获得 $\tan\delta$ 平均值（VLF-TD）、$\tan\delta$ 随时间稳定性（VLF-TD Stability）、$\tan\delta$ 变化率（VLF-DTD）三个指标来评价 XLPE 电缆劣化状况。

（1）对于 $\tan\delta$ 随时间稳定性的测量。由于水树老化引起的松弛极化时间长达 150~250s，其极化过程和去极化过程都需要很长的时间，初始时刻产生的极化过程是最明显的，而由于极化过程的惯性作用，电压负半周期无法完成去极化过程，因此会出现 $\tan\delta$ 随时间下降的现象。对于未老化的电缆，由于没有水树的存在，绝缘内部的极化和去极化过程可以很快完成，因而 tanδ 不会呈现随时间的不稳定。

（2）对于 tanδ 变化率的测量。由于 tanδ 随电压增加的变化率反映水树的非线性特性。对于老化电缆，当施加电压增加时，其介质损耗增加，同时，随着水树长度的增加，非线性度增大。这是由于水树造成的损耗主要是由于水分渗入水树后电导率发生变化所引起的，而随着电压的增加，水分子振动剧烈使得水树导通度逐渐增加引起损耗增大。tanδ 变化率与电缆老化程度关联图（见图 2-13）。因而，tanδ 随测试电压增加而增大的变化率能够在一定程度上反映电缆内部的水树长度状况。

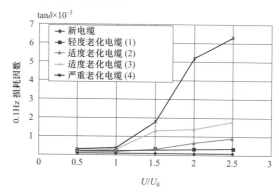

图 2-13　老化电缆与新电缆 0.1Hz tanδ 随电压的变化

三、阻尼振荡波试验技术

（一）阻尼振荡波试验电源

目前使用的阻尼振荡波有 DAC 和 OSW 两种，DAC 的振荡波频率为 50～1kHz，OSW 振荡波频率为 1～10kHz，类似于在工频交流电压环境下施压。若有局部放电，在数十至上百的谐振周期内进行局部放电采集，类似于工频周期下的局部放电试验。IEEE std 400—2001 中叙述荷兰 NEN 3630（荷兰高压挤出电缆测试标准）给出了应用 OSW 电压测试系统进行电缆试验的标准。阻尼振荡波激励方式有直流激励式和交流激励式两种。

直流激励式振荡系统如图 2-14 所示，电子开关 K1 闭合前，直流充电电源 BT 通过限流电阻 R、L 向等效电容 C 充电，当 C 充电到预定电压值时，电子开关 K1 迅速闭合，由于电感 L 存在内阻 R_0，在 L、C 的串联回路产生一个逐渐衰减的振荡波 $f(t)$，该振荡波直接加在电气设备的等效电容 C 上，实现对被测试电缆的正弦波耐压试验和局部放电量测量。

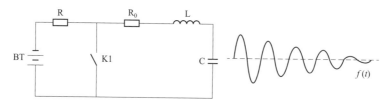

图 2-14　直流激励式振荡系统

采用直流激励的方式获得振荡波主要存在以下问题：振荡波 $f(t)$ 的最高峰值等于直流充电电源 BT 的电压值，当振荡波 $f(t)$ 的电压很高时，直流充电电源 BT 的电压也要相应很高；另一方面，它的开关 K1 承受的工作电压为直流充电电源 BT 的电压；振荡波的激励方式采用直流电压给电缆充电，会产生直流电压下的空间电荷效应。

为了避免使用电子开关，现被应用的有两种通过放电球隙放电产生的振荡波系统（见图 2-15），分为电缆充电式和电缆不充电式，图中 C_1 为充电电容、C_2 为电缆等效电容、L 为电感线圈。电缆充电式系统回路通过 C_1 和 C_2 并联充电再对电感线圈放电，被测电缆上的最高电压 U 与充电电压 U_0 相同，电源频率为 $f = 1/2\pi\sqrt{L(C_1 + C_2)}$。电缆不充电式系统，交流通过整流后对 C_1 充电，再经过点火间隙对 L、C_2 的并联回路放电，$f = 1/2\pi\sqrt{L(C_1 + C_2)}$，电缆上的电压 $U = U_0 C_1(C_1 + C_2)$。通过对这两种电压产生方式进行对比得出：电缆不充电式系统由于电缆长度的变化，会出现高的振荡瞬态电压，波形扭曲，所以电缆充电式系统较常使用。

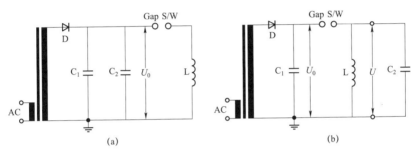

图 2-15 基于放电球隙的振荡波系统

（a）电缆充电式；（b）电缆不充电式

图 2-16 为交流激励式振荡波系统，当电子开关 K1 开路时，由交流激励电源 AC 经隔离变压器 T 给电感 L 和被测试电气设备的等效电容 C 构成的串联回路，提供一个电压较低的交流激励电压，当激励电源 AC 的输出频率与电感 L 和电容 C 的谐振频率相同时，电感 L 和电容 C 回路谐振，产生谐振高电压，调节激励电源 AC 的输出电压，使被测试电气设备的等效电容 C 上的谐振电压达到预定值，将电子开关 K1 短路，由于电感 L 存在内阻 R_0，在电容 C 上产生了阻尼振荡波 $f(t)$。

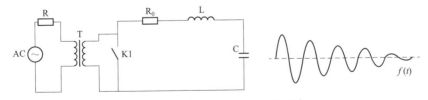

图 2-16 交流激励式振荡波系统

采用交流激励（变频谐振）的方式也可以产生阻尼振荡波，图 2-17 为其振荡波测试系统结构框图。根据变频串联谐振原理，该系统由交流 380V 或 220V 市电进行供电，通过 3 对整流晶闸管组成三相全桥整流电路，将交流电整流成直流电，并同时充到大容量滤波电容中，随后经过由 4 个 IGBT 开关组成的逆变电桥，使直流信号逆变成方波信号，再通过励磁变压器和电抗器（L）加压到被试电缆（C_x）中。通过调节激励电压的频率使回路达到谐振状态，提高激励电压使被试电缆电压达到预定值，测量局部放电时迅速闭合由 V5 和 V6 组成的开关电路，LC 回路短路，在被试电缆上将得到阻尼振荡波正弦电压。被试电缆电压是由 V5 和 V6 组成的开关电路电压的 Q 倍，因此由 V5 和 V6 组成的开关电路只承受 $1/Q$ 的耐压值，因而组成 V5 和 V6 的 IGBT 电子开关耐压要求很低，器件容易获得。而且没有直流预充电时对电缆的直流加压过程，避免了在直流电压下缺陷处积累的空间电荷对电缆绝缘的损伤。

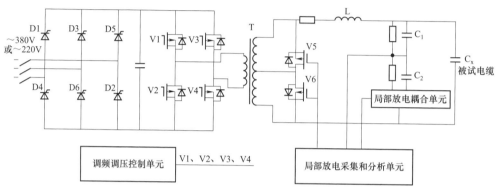

图 2-17 基于变频谐振的振荡波测试系统结构框图

（二）阻尼振荡波局部放电试验

阻尼振荡波下局部放电量测量遵循 IEC 60270 中对校准和测量的要求，采用脉冲电流法，主要利用局部放电频谱中的较低频段部分，一般数十 kHz 至数百 kHz。因为在测量前电缆未带电的情况下，要采用已知电荷量的脉冲注入校正定量，从而获得精确量化的局部放电量数值，以 pC 为单位，具有合理、有效的物理意义。

假设距离测试端 x 处发生局部放电，u_{pd} 为放电脉冲电压，u'_{pd} 为放电脉冲电流在测试端由检测阻抗采集到的电压，则放电点的局部放电量 q 计算表达式如下

$$\begin{cases} \int_0^{t_0} u_{pd}\mathrm{d}t = z_0\dfrac{q}{2} \\ u'_{pd} = u_{pd}e^{\left(-\frac{x}{\alpha}\right)} \\ q = \left(\dfrac{2}{z_0}\right)e^{\frac{x}{\alpha}}\int_0^{t_0} u'_{pd}\mathrm{d}t \end{cases} \qquad (2-1)$$

式中：α 为衰减常数；z_0 为电缆特性阻抗；t_0 为放电脉冲的持续时间。

振荡波电压下的电缆局部放电定位原理与工频电压下的局部放电定位原理一样，采用时域反射法（TDR），其原理示意如图 2-18 所示，局部放电定位波形如图 2-19 所示。根据电磁波传输反射原理，在缺陷处产生的局部放电脉冲向电缆两端传播，在电缆端头处如果没有匹配阻抗，局部放电脉冲将在端头处反射，根据在测量端测量的第一个沿测量端传

输的脉冲及经另一端反射后传回测量端脉冲的时间差即可计算出缺陷距离测量端的距离，从而定位出缺陷的部分。在振荡波电压下，每一个振荡周期根据测量局部放电时可测放电幅值及此放电脉冲经远端反射后的脉冲幅值，计算出放电距离测量端的位置，即可绘出局部放电幅值或局部放电密集程度与电缆长度的关系曲线。

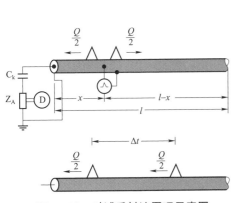

图 2-18 时域反射法原理示意图

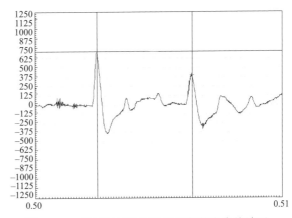

图 2-19 基于时域反射法的局部放电定位波形

测试一条长度为 l 的电缆，假设在距离测试端 x 处发生局部放电，脉冲沿电缆向两个相反方向传播，其中一个脉冲经过时间 t_1 到达测试端；另一个脉冲向测试端相反方向传播，在电缆末端发生反射，之后再向测试端传播，经过时间 t_2 到达测试端。根据两个脉冲到达测试端的时间差 Δt，可计算得出局部放电发生的位置，即

$$t_1 = \frac{x}{v} \tag{2-2}$$

$$t_2 = \frac{(l-x)+l}{v} \tag{2-3}$$

$$\Delta t = t_2 - t_1 = \frac{2(l-x)}{v} \tag{2-4}$$

$$x = l - \frac{v\Delta t}{2} \tag{2-5}$$

式中：v 为电缆中放电脉冲传播波速。

当 XLPE 电缆存在多个放电点时，脉冲波沿电缆传播，分别到达近端和远端，并在远端产生反射返回，可根据 TDR 法计算出每个放电点的距离。

四、试验电压适用范围

直流电压、交流电压、超低频电压和阻尼振荡波电压四种形式的试验电压有各自的适用条件，可以参照荷兰德尔福特理工大学 Gulski 等人对以上电压适用范围的总结（见表 2-1）。

表 2−1　　　　　　　　　　　　四种试验电压适用范围

电压类型	描　述
直流电压	（1）直流电压试验主要用于油纸绝缘形式电缆系统。 （2）在测试交联电缆绝缘时，直流电压测试已不作推荐，被交流耐压试验所替代。 （3）直流耐压试验：被试电缆在规定时间内承受一定数值的高压直流电压考核而未击穿，则视为通过
交流电压	（1）频率为 20～300Hz 的交流测试电压可用作现场电缆系统的电压源。 （2）交流电压推荐用于出厂测试和现场试验。 （3）交流耐压试验：被试电缆在规定时间内承受一定数值的高压交流电压考核而未击穿，则视为通过
超低频电压	（1）超低频电压试验使用频率范围为 0.01～0.1Hz 的交变电压源开展电缆现场测试。 （2）超低频耐压试验：被试电缆在规定时间内承受一定数值的超低频电压考核而未击穿，则视为通过
阻尼振荡波电压	（1）阻尼振荡波试验使用频率范围为 20～300Hz。 （2）阻尼振荡波与工频正弦波电压下局部放电测试等效性较好，被推荐作为工频正弦波的现场替代试验电源。 （3）阻尼振荡波耐压试验：被试电缆在规定时间内承受一定数值的振荡波电压考核而未击穿，则视为通过

　　依据 IEC 等标准进行电缆的竣工验收耐压试验可以发现线路敷设、安装中大多数严重缺陷。从 1995 年起，国外电力公司开始使用交流耐压试验作为电缆的竣工验收试验。国内在 1999 年首次引进德国变频谐振交流耐压试验技术应用在 110、220kV 电缆的竣工验收试验上，但通过耐压试验后投运的电缆线路仍然发生绝缘击穿事故。这说明单纯依靠耐压试验考核线路绝缘性能，结果只是简单的"通过或没通过"，考核过于单一，只侧重于发现严重绝缘缺陷，不能为运行部门提供全面的电缆绝缘状况信息。同时也不能排除所有存在的绝缘薄弱点，而这些微小的薄弱点可能在试验之后发展成为故障，严重影响电缆线路的安全、经济、可靠运行。

第二节　带电检测与在线监测技术

　　配电电缆带电检测技术是在线路不停电的状态下对电缆进行状态检测的技术；在线监测技术是通过在运行电缆线路及其附属设备上安装检测设备并对电缆状态进行长期跟踪、监测的技术。

一、局部放电检测技术

　　局部放电作为电缆线路绝缘故障早期的主要表现形式，既是引起绝缘老化的主要原因，又是表征绝缘状况的主要特征参数。电力电缆局部放电与绝缘状况密切相关，局部放电的发生预示着电缆绝缘存在可能危及电缆安全运行的缺陷，因此局部放电检测是最重要的状态检测手段之一。目前可用的局部放电检测方法如表 2−2 所示。

表 2-2　　　　　　　　　　　　局 部 放 电 检 测 方 法

检测方法	被测物理量	检测方法	被测物理量
脉冲电流法	局部放电产生的脉冲电流	化学监测法	局部放电产生的化学反应
电磁耦合法	局部放电产生的电磁波	光学法	局部放电产生的发光效应
超声波法	局部放电产生的超声波		

国内外众多学者已针对电缆线路中局部击穿放电表现出的电、声、光、热、化学等现象对应地研究相关检测方法，如电测法、声测法、光测法等，并分析了各种方法的优缺点与适用范围。基于电磁耦合的电测法中，20 世纪 80 年代初期英国中央电力局开发出超高频法、90 年代初国外开始将其应用于电缆线路上。1992 年日本东京电力公司和日立电缆公司共同开发出差分法用在 275kV 交联电缆线路接头上。1995 年德国 D.Wenzel 提出用于 400kV 交联电缆线路局部放电检测的方向耦合法。1998 年瑞士 Th.Heizmann 等人在 170kV 交联电缆上成功应用了源自发电机、变压器绝缘监测的高频电磁耦合法。2002 年英国南安普顿、英国电网公司和西安交通大学共同研究了电容耦合法，德国 Omircon 公司 Ronald Plath 博士随后对该方法进行了改进。1993 年荷兰 P.A.A.F.Wouters 提出用于螺旋状金属屏蔽电缆的电感耦合法。声测法中，P.L.Lewin 等人详细研究了电缆绝缘内局部放电的超声波检测方法。光测法中，德国 IPH Markus Habel 等人提出针对高压、超高压电缆附件中硅橡胶应力锥的局部放电光纤检测方法，并在屏蔽实验室内进行了与电测法的比对试验。

（一）主要局部放电检测技术原理

耐压试验侧重发现电缆线路绝缘中的粗大缺陷，但电缆投运后仍然存在发生意外击穿事故的可能性，而局部放电检测对发现电缆及附件主绝缘中潜伏性微小缺陷灵敏度较高，这些缺陷在电缆运行时会不断劣化发展，最终造成电缆突发停电事故，直接影响电缆运行可靠性。准确测量 XLPE 电力电缆的局部放电信号是判断电缆绝缘品质直观且有效的方法，表 2-3 对比了主要局部放电检测技术的原理及其优缺点。

表 2-3　　　　　　　　主要局部放电检测技术的原理及其优缺点

方法	原　理　图	原　理	优　点	缺　点
脉冲电流法	（原理图：T1 T2 F1 L T3 R F2 C/2 C C_x C_k Z D）	脉冲电流法是研究最早、应用最广泛的一种方法，IEC 对此制定了专门的标准。用宽频带波形测量仪器测量得到的脉冲电流波形参数，可以用来表征不同放电形式和放电的不同发展阶段	由于局部放电的脉冲电流中含有丰富的放电信息（放电量、放电相位、放电形式、放电的不同发展阶段），可以将此建立反映局部放电不同特征的图谱	（1）需要高端软、硬件技术大量、快速、高保真的采集局部放电脉冲电流的放电信息。 （2）需要先进的信号特征分析图谱，对这些放电信息谱图进行数学分析，得到一系列特征指标，用于对局部放电的发生状况进行识别，并建立数据库和专家系统

续表

方法	原 理 图	原 理	优 点	缺 点
高频电磁耦合法		电磁耦合法是将XLPE电缆接地线中的局部放电电流信号通过电磁耦合线圈与测量回路相连，通过电磁耦合来测量局部放电电流，在电缆和测量回路间没有直接的电气连接	与电缆无直接电气连接，结构简单，安装方便，不需要在高压端通过耦合电容器来取得局部放电信号，适用于电缆金属护层带有接地引出线时的现场检测，技术相对成熟，应用较广泛	高频信号传输时衰减严重，影响灵敏度；检测频段在数十Hz到数十MHz之间，易受外界噪声干扰
电容耦合法		内置式电容耦合法通常是将40mm宽的锡箔缠于电缆接头应力锥尾端作为耦合传感器，传感器的安装并没有影响到电缆的主绝缘，但需随同附件一并安装制作；外置式电容耦合法将铝箔绕包于电缆接头绝缘法兰一侧，作为信号耦合器	有较好的检测灵敏度，不影响电缆本体的绝缘性能，特别适用于电缆附件的局部放电检测	安装复杂，应用于电缆时，需对电缆的金属护层进行切割等工作；应用于接头内部，需随接头安装时一同制作，对制作工艺要求较高
方向耦合法		（1）方向耦合传感器是电容传感器法的扩展，安装于电缆的外半导体层和金属护套之间，这样的安装不影响电缆的电气性能。（2）两个方向耦合传感器被安装在电缆接头的两边，传感器能感应到其一侧来的脉冲。这一方法主要应用于电缆附件的局部放电检测	具有灵敏度高的特点，在实验室条件下可实现小于1pC的信号测量，主要应用于电缆附件的局部放电检测，可以有效地区分脉冲的方向，有利于进一步辨识脉冲是局部放电还是噪声	安装复杂，应用于电缆时，需对电缆的金属护层进行切割等处理，不适合电缆的带电检测

续表

方法	原 理 图	原 理	优 点	缺 点
电感耦合法	H　感应电流 铠装层 局部放电信号	当电缆存在局部放电，局部放电脉冲沿电缆屏蔽传播，该电流信号可分解为沿电缆长度的径向分量和围绕电缆的切向分量。切向分量的电流产生一个轴向的磁场，变化的磁场穿过传感器时，传感器上因磁通变化而感应一个双极性电压信号	不影响电缆本体绝缘性能，检测灵敏度较传统方法高出一个数量级	由于高频信号衰减比低频严重且中间接头为最薄弱环节，检测时需安装多个传感器且尽量靠近电缆中间接头，传感器制作时须结合接头安装同时进行，更适用于实验室检测
差分耦合法	导线芯 金属屏蔽　C_1　C_2　局部放电 C_3　C_4 检测阻抗	金属箔与电缆屏蔽筒的等效电容、两端电缆绝缘的等效电容、检测阻抗构成检测回路。当电缆接头一侧存在局部放电，另一侧电缆绝缘的等效电容起耦合电容作用，检测阻抗便耦合到局部放电脉冲信号，耦合到的脉冲信号将输入到频谱分析仪中进行窄带放大并显示信号	不必加入专门的高压源和耦合电容，也无需改变电缆接线，类似于IEC 60270的桥式连接法，能很好地抑制噪声，简单安全	高频信号在电缆中传播时衰减严重，降低了检测灵敏度，现场检测应用不多
超声波检测法	局部放电 SF_6 粒子 壳体 空气　φ 超声波传感器	局部放电时，在放电区域中，分子间产生剧烈撞击，产生一种压力，由于放电是一连串的脉冲形式，因此产生的压力波也是脉冲形式的，它含有各种频率分量，也是频率很宽的声波。声音频率超过20kHz范围的称为超声波，可通过超声传感器（声电换能器）来拾取局部放电活动的超声波信号	避免了与高压电缆直接电气连接，可检测局部放电声波信号频率范围为20～110kHz，适用于电缆带电检测	声波从固体向气体介质传播时，能量衰减严重，导致检测灵敏度降低，一般作为辅助检测手段用于局部信号定位
暂态低电压检测法	开关柜缝隙 电磁波 开关柜体　TEV检测仪 放电源 电容分压式TEV传感器 屏蔽柜外表面阻抗 开关柜接地线阻抗	当电气设备发生局部放电现象时，带电粒子会快速地由带电体向接地的非带电体快速迁移，受集肤效应的影响，电流行波往往仅集中在金属柜体的内表面，而不会直接穿透金属柜体。但当电流行波遇到不连续的金属断开或绝缘连接处时，电流行波会由金属柜体的内表面转移到外表面，并以电磁波形式向自由空间传播，且在金属柜体外表面产生暂态地电压，而该电压可用专门设计的暂态地电压传感器进行检测	该技术主要适用于开关柜、环网柜等金属结构电缆终端电场畸变型和悬浮放电缺陷，如终端安装刀痕、应力锥移位、破损、接地线缺失或不可靠连接等。一般与超声波局部放电检测联合实施	（1）检测覆盖范围小，仅能对电缆终端仓体内的异常放电信号进行检测识别，对于电缆本体及接头产生的局部放电信号无法检测。 （2）易受开关柜、环网柜内其他部件及电源影响，抗干扰能力较弱，无法准确定量分析，一般适用于例行巡检的状态普查

CIGRE D1.02 工作组在 2006 年发表的"局部放电非标准检测方法中的传感器及其特性"报告中，给出了除 IEC 60270 规定的脉冲电流检测法以外的四类非标准局部放电检测方法对于主要电力设备的适用性建议（见表 2-4）。

表 2-4 不同电力设备局部放电现场检测方法适用性分析

电力设备类型 现场局部放电检测方法	电力电缆	变压器	GIS	发电机
声测法	较为适用	适用	适用	适用
电磁偶合法（电测法）	适用	适用	适用	适用
化学法	不适用	适用	不适用	不适用
光测法	不适用	不适用	不适用	不适用

目前，用于电缆的局部放电带电检测方法以高频电磁耦合法为主，超声波法、超高频法在检测局部放电方面也有其自身的技术特点，但目前适用范围较小。电缆局部放电源定位一般用放电脉冲在电缆中传播到端部发生反射从而在传感器处产生时间延迟的原理来进行定位的，以 TDR（时域反射）方法为主，并采用各种改进措施。

（二）目前局部放电技术存在的问题

XLPE 电力电缆局部放电量与电力电缆绝缘状况密切相关，局部放电量的变化预示着电缆绝缘存在着可能危及电缆安全运行的缺陷，IEC、IEEE 以及 CIGRE 等国际电力权威组织一致推荐局部放电试验作为交联绝缘电力电缆绝缘状况评价的最佳方法，先后制定基于 IEC 60270 的相应的国家标准和行业标准。

局部放电试验是电力电缆及附件产品出厂前质量评定的必要检验手段。我国在电力电缆及附件制造过程中的局部放电检测技术研究和应用方面与国外发达国家基本保持同一技术水平，在良好屏蔽试验室配合非常"干净"的电源供电的情况下，电力电缆局部放电检测试验的灵敏度可以达到 1pC，测量频段一般为 30~500kHz。

现场局部放电检测在役电缆绝缘性能在电缆绝缘测试技术中难度最大，因为交联电缆主绝缘电容量大，致使缺陷产生的局部放电信号微弱，要求检测方法及检测设备灵敏度高且足够精确；此外由于电缆的高频滤波特性，导致局部放电波形复杂多变，极易被运行现场背景噪声和外界电磁干扰淹没，对检测手段的干扰抑制能力提出很高要求。

电缆局部放电带电检测技术本质上是一种与实际应用关联性很强的技术。电力运行单位越来越注重其实用性与有效性，与在线监测方法相比，带电检测方式方法更为灵活、投资更小、见效更快。虽然许多带电检测方法在实验室条件下都取得了很好的效果，但电缆线路的实际运行环境远比在实验室中复杂，致使一些方法迈出实验室大门走向运行现场过程中步履艰难，难以真正地应用于实际运行的电缆线路，其本质原因在于缺乏电缆绝缘局部放电信号识别技术，缺乏局部放电脉冲波形、频率及幅值与外界或电缆内部干扰脉冲波形、频率及幅值识别判断技术，以及与电缆绝缘缺陷类型对应的指纹识别判断技术。实际运行中的电缆绝缘"有没有局部放电？"，现场检测到的信号"是不是局部放电？"的难题严重阻碍了局部放电带电检测技术的应用和发展。

对运行中的 XLPE 电力电缆线路实施局部放电带电检测，进而分析诊断运行线路中电缆及附件的绝缘缺陷状况，具有重大现实意义。近年来，局部放电在线检测技术已经成为 XLPE 电缆绝缘检测领域的研究热点，并取得了很大进步，但仍存在一些技术难点，具体表现在：由于运行现场电磁干扰严重，检测人员在现场检测到的波形与数据，难以区分是噪声还是局部放电信号，即使确认为局部放电信号也难以与运行电缆内部缺陷类型进行对应，缺少 XLPE 电力电缆绝缘劣化评价基础、运行状态判据等实际运行经验。

（三）在线（带电）和离线局部放电比较

在线式（带电）和离线式局部放电检测方法比较见表 2-5。

表 2-5　　　　　　在线式（带电）和离线式局部放电检测方法比较

局部放电检测方式	优　点	缺　点
在线（带电）式局部放电检测	（1）可以在运行中测试而不需停电。 （2）可以定位大多数电缆附件缺陷和少数电缆缺陷。 （3）一般不需要额外的电源。 （4）在真实的环境中测试（电缆线路带有负荷电流、运行温度），有助于了解电缆绝缘的实际状况	（1）只能监测到少部分电缆缺陷。 （2）局部放电脉冲信号随着电缆长度衰减很快，获得准确的局部放电分布图已经不可能。 （3）测试技术复杂度较高。 （4）一般都需要分段测试，对于较长的直埋电缆测试更为困难；测定和评估只能在额定电压水平下，对背景噪声的处理有一定难度。 （5）在线局部放电检测系统不能按照 IEC 的标准进行校准，不同检测设备测试结果缺乏可比性
离线式局部放电检测	（1）若采用脉冲电流法，则测试结果与出厂测试有可比性。 （2）可高于运行电压测试，有助于判别缺陷类型。 （3）可以比较精确地定位放电源等故障。 （4）来自电网的干扰少，测试结果有效性更高。 （5）可以一次测试数千米长的电缆线路。 （6）操作相对简单，能较快给出测试结果。 （7）可以得到局部放电起始电压（PDIV）和局部放电熄灭电压（PDEV）	（1）需要被测线路停电，脱离电网。 （2）高压电源等试验辅助装置尺寸大、比较笨重

从实践应用结果看，在线式（带电）局部放电监测多应用于现场条件比较好的超高压输电电缆线路；高压电缆线路多采用在线式局部放电带电检测，而中压电缆线路则多采用离线式局部放电检测方式，目前世界各国电网中离线式局部放电检测时较常用的试验电压为超低频、变频和阻尼振荡波。

CIGRE B1.28 工作组研究统计显示，目前包括中国在内有 29 个国家不同程度地开展了电缆线路局部放电带电检测工作。德国、英国、意大利等国家局部放电带电检测技术水平较高。电缆化率接近 100% 的新加坡则大力开展局部放电综合检测。与大学、研究机构、电力运行部门相比，国内外一些检测设备制造公司则积极参与了采用局部放电带电检测仪器研制,在一定程度上加速了此类技术的发展。意大利 TechIMP、德国 Omircon、美国 doble、德国 Power PD、英国 HVPD、澳大利亚红相电力等公司分别研制出便携式局部放电带电检测仪,国内保定天威新域、广州友智电气、西安博源电气等公司也纷纷开发出 TWPD - 2623、PDM、BYCP - Ⅱ 等局部放电带电检测设备。

二、运行温度监测技术

1. 红外热成像热检测技术

红外热成像技术不仅能分辨热的差异,而且还是能使这种差异量化的一种技术,是一种非接触式温度测量技术。由辐射理论可知,一切温度高于绝对零度的物体,每时每刻都会向外辐射红外线,也同时发射辐射能量。物体的温度越高,发射的能量也越大。根据斯蒂芬玻尔兹曼定律,辐射能量

$$W = \varepsilon \delta A T^A \qquad (2-6)$$

式中:W 为发热体发射的功率;ε 为发射体的黑度(也称发射率);δ 为玻尔兹曼常数;A 为发射体表面积,cm^2;T 为发射体的绝对温度,K。

只要知道发射体表面的反射率 ε,再检测出红外辐射能量,就可推断出发射体的温度。当运行电缆线路有了热故障,其特点是过热点为最高温度,形成一个特定的热场,并向外辐射能量。利用红外探测器、光学成像物镜和光机扫描系统接收被测目标的红外辐射,将其能量分布图形反映到红外探测器的光敏元件上,经放大处理、转换成标准视频信号,可以把这一热场直观地反映在荧光屏上,形成热成像图。

电缆线路热故障多种多样,但一般分为两类:接触热故障和绝缘材料固有缺陷以及变质老化。运行经验表明,电缆附件发生故障前,缺陷经常伴随局部发热,采用红外热像仪对电缆附件进行有针对性的在线检测,可发现电缆附件的发热性缺陷,及时做出相应防范措施,防止电缆故障的发生。该项技术目前已应用于北京、天津、上海等地的 110kV 及以上电压等级电缆终端检测,并获得了较理想的效果。

热成像技术监测热故障的特点包括:① 测量灵敏度高、结果直观、可靠性好;② 适用于所有绝缘电缆线路;③ 能够直接找出故障或隐患点;④ 不容易也不适合发现电缆及附件中的缺陷和绝缘老化,且测量结果难以对缺陷程度准确定量;⑤ 易受环境等因素的干扰;⑥ 一般不能全天候实时监测。

2. 分布式光纤温度在线监测技术

电缆在运行过程中,导体因通过负荷电流而发热。监测电缆的温度,既可获取电缆绝缘的工作状况;也可通过计算线路的载流量,了解线路运行状态。分布式光纤温度在线监测技术是一种比较成熟的分布式测温技术,通过沿电缆线路敷设一根光纤或将光纤在电缆生产时加装在电缆内,由此可沿探测光纤实现连续、实时、在线测量温度信息的目的。基于所测温度,可对电缆的载流量进行计算,进一步获得电缆运行信息。分布式光纤温度测量原理如图 2 - 20 所示。

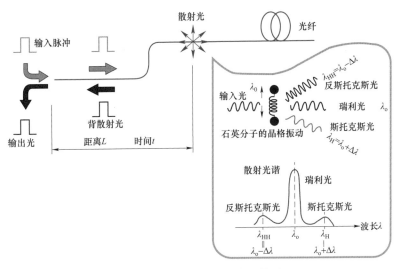

图 2-20 分布式光纤温度测量原理

分布式温度传感技术是以光时域反射（OTDR）技术原理为基础。该技术具有抗电磁、耐高压、防爆、防燃、尺寸小、测量距离长等优点，主要不足是空间分辨率不精确、对各类缺陷造成的局部温升不够灵敏、受光纤敷设方式影响较大。目前，受限于成本考虑，其主要应用于 110kV 及以上电压等级的电缆线路。

第三章

主要的试验技术

第一节 试验总体要求

一、配电电缆试验项目

电缆线路一般有交接试验、例行试验和诊断性试验。

（1）交接试验。电缆及其附件在敷设和安装完毕后，由于安装、运输及现场敷设等因素，即使已通过出厂试验的电缆及附件的电气性能也可能遭受影响。因此，为了验证电缆线路的可靠性，避免在施工过程中出现的缺陷影响电缆线路的安全运行，需要通过试验的方法进行验收，这一类试验称为交接试验。

交接试验项目包括电缆主绝缘及外护套绝缘电阻测量、主绝缘交流耐压试验和电缆两端的相位检查，具备条件的应开展局部放电检测和介质损耗检测。

（2）例行试验。电缆线路在投入运行后，由于运行工况变化、设备自身老化及周围环境因素影响等，对电缆线路的正常运行可能造成不良影响。为了保证电缆线路的安全运行，并保持良好状态，运行部门必须注意设备的正确运行，利用不同的技术手段对电缆线路开展例行试验，来评估电缆的运行状态。

例行试验包括红外测温、超声波局部放电检测、暂态地电压局部放电检测、金属屏蔽接地电流检测、接地电阻检测和主绝缘及外护套绝缘电阻检测。

（3）诊断性试验。诊断性试验是例行试验发现电缆线路状态不良，或经受了不良工况，或受家族性缺陷警示，或连续运行较长时间，为进一步评估电缆线路状态进行的试验，包括带电检测试验与停电检测试验。

诊断性试验包括红外测温、铜屏蔽层电阻和导体电阻比检测、高频局部放电检测、特高频局部放电检测、超声波局部放电检测和介质损耗检测。

二、试验周期

一般情况下，例行试验中红外测温，试验每年不少于 2 次。超声波局部放电检测、暂态地电压局部放电检测、金属屏蔽接地电流检测，试验每年不少于 1 次，可同步开展。接地电阻检测投运后 3 年内开展一次，后期每 5 年开展一次或大修后开展。

诊断性试验中，局部放电检测试验和介质损耗检测试验应在线路投运 5 年内结合停电检修计划开展一次。运行年限 5 年以上电缆线路可结合设备重要程度、实际需求、状态评价结果及状态量变化规律开展。

三、试验总体要求

交接试验中电缆线路主绝缘交流耐压试验、局部放电检测和介质损耗检测，对含已投运电缆段或故障等原因重新安装电缆附件的电缆线路，按照非新投运线路要求执行。对整相电缆和附件全部更换的线路，按照新投运线路要求执行。局部放电检测中新投运电缆部分与非新投运电缆部分应分别评价。

主绝缘停电试验应分别在每一相上进行，对一相进行试验或测量时，金属屏蔽和其他两相导体一起接地。被测电缆的两端应与电网的其他设备断开连接，避雷器、电压互感器等附件需要拆除，对金属屏蔽一端接地，另一端装有护层电压限制器的单芯电缆主绝缘停电试验时，应将护层电压限制器短接，使这一端的电缆金属屏蔽临时接地，电缆终端处的三相间需留有足够的安全距离。

诊断性试验中停电检测试验状态评价结果未达异常，但单相主绝缘绝缘电阻小于 500MΩ 时，宜开展主绝缘交流耐压试验。

四、试验环境及安全要求

试验应保证足够的安全作业空间，满足相关试验操作及设备安全要求，主绝缘停电试验中每一相试验前后应对被试电缆进行充分放电。

试验对象及环境的温度宜在 −10～+40℃；空气相对湿度不宜大于 90%，不应在有雷、雨、雾、雪环境下作业；试验端子要保持清洁；避免电焊、气体放电灯等强电磁信号干扰。

五、状态评价及处置原则

电缆线路的状态评价应基于交接试验、例行试验、诊断性试验、家族缺陷、运行信息等获取的状态信息，包括其现象、量值大小以及发展趋势，结合同类设备的比较，做出综合判断。一般依据例行试验与诊断性试验中状态结论中最严重状态进行认定。

例行试验中，评价结论为注意状态的电缆线路应缩短检测周期，宜开展诊断性试验，对缺陷进行定位修复；对评价结论为异常线路应立即开展诊断性试验或停电检修，对缺陷进行定位修复，修复后按非全新电缆线路交接试验要求开展试验。

诊断性试验中，评价结论为注意状态的电缆线路应缩短带电检测试验周期，加强跟踪分析或开展停电检测试验，宜对缺陷进行定位修复；对评价结论为异常的电缆线路应立即开展停电检修，对缺陷进行定位修复；修复后按非全新电缆线路交接试验要求开展试验。

本章将详细介绍绝缘电阻试验、交流耐压试验和线路相位检查试验。

第二节 绝 缘 电 阻 试 验

一、技术概述

1. 试验目的

电缆线路敷设完成后，必须检查电缆主体是否良好、敷设过程中是否存在电缆绝缘层被破坏的情况，而测量绝缘电阻是检查电缆线路绝缘状态最简便和最基本的方法。测量电缆线路绝缘电阻一般使用绝缘电阻表，可以检查出电缆主绝缘或外护套是否存在明显缺陷或损伤。另外，电缆线路绝缘电阻测试合格是开展电力电缆交流耐压试验以及电缆线路参数测试的一个先决条件。

2. 试验原理

绝缘介质在直流电压的作用下产生极化、电导等物理过程。介质的极化和电导过程都要形成电流。

由电子式极化、离子式极化所形成的电流通常叫充电电流（也叫电容电流）。在电缆中，实际上是以电缆导体和外电极（金属护套或屏蔽层）作为一对电极，构成一个电容器，加直流电压后形成的充电电流。由于介质的极化过程极为短暂，因此电容电流在加直流电压后数毫秒内衰减为零，如图 3−1（b）中曲线 i_1 所示。其电流回路在等值电路中用一个电容 C_1 表示。

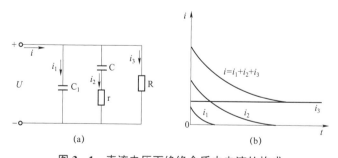

图 3−1 直流电压下绝缘介质中电流的构成

（a）绝缘介质的等值电路；（b）直流电压下通过绝缘介质的电流

绝缘介质中的偶极子在直流电压的作用下发生偶极式极化，形成电流。另外，如果绝缘是由不同材料复合而成，或绝缘材料是不均匀的，那么在不同绝缘材料或不均匀材料的交界面上会产生夹层式极化，形成电流。由偶极式极化和夹层式极化形成的电流叫吸收电流（i_2）。吸收电流随时间的增加而衰减。由于偶极式极化的过程较长，夹层式极化的过程更长，所以吸收电流比电容电流衰减的慢得多，如图 3-1（b）中曲线 i_2 所示。其电流回路在等值电路中用一个电容 C 和电阻 r 串联表示。

绝缘介质中还有极少数带电质点（主要是自由离子及混杂的电导杂质），在电场的作用下发生定向移动形成电流，这部分电流叫电导电流（又叫泄漏电流），它在施加电压以后很快趋于稳定，如图 3-1（b）中曲线 i_3 所示。其电流回路在等值电路中用一个纯电阻 R 表示。

绝缘介质在直流电压作用下的电流总和如图 3-1（b）中曲线 i 所示，$i=i_1+i_2+i_3$。在直流电压作用下流过绝缘介质的总电流随时间变化的曲线成为吸收曲线。从吸收曲线中可以看出，电容电流 i_1 和吸收电流 i_2 经过一段时间后趋近于零，因此 i 趋近于 i_3。所谓外施直流电压，通过绝缘的泄漏电流与绝缘电阻的关系符合欧姆定律，即

$$R = \frac{U}{i_3} \tag{3-1}$$

式中：R 为试品的绝缘电阻，MΩ；U 为加于试品两端的直流电压，V；i_3 为对应于电压 U 流过试品的泄漏电流，μA。

由式（3-1）可知，在一定的直流电压下，流过绝缘的电流与其绝缘电阻成反比。绝缘电阻越大，则流过绝缘的电流越小。良好洁净的绝缘，无论绝缘体内或是表面的离子数都很少，电导电流很小，绝缘电阻值很大。如果绝缘存在贯通的集中性缺陷，如开裂、脏污，特别是受潮以后，绝缘的导电离子数急剧增加，电导电流明显上升，绝缘电阻明显下降。所以，根据绝缘电阻的大小，可以了解绝缘的状况，能有效地发现被试品局部或整体受潮和脏污，以及绝缘击穿和严重过热老化等缺陷。

绝缘电阻有体积绝缘电阻和表面绝缘电阻之分，试验中真正关心的是体积绝缘电阻。当绝缘受潮或有其他贯通性缺陷时，体积绝缘电阻降低。因此，体积绝缘电阻的大小标志着绝缘介质内部绝缘的优劣。在现场测量中，当测量得到的试品绝缘电阻低时，应采取屏蔽措施，排除表面绝缘电阻的影响，以便测得真实准确的体积绝缘电阻值。对电缆来说体积绝缘电阻，用公式表示为

$$R_g = \rho_v \delta / S \tag{3-2}$$

式中：δ 为绝缘厚度，m；S 为电极面积，m²；ρ_v 为绝缘介质电阻率，Ωm。

对大容量的试品（电缆），吸收曲线 i 随时间衰减较慢，其中尤其是吸收电流 i_2 随时间衰减较慢。所以通常要求在加压 1min 后，读取绝缘电阻表指示的值，作为被试品的绝缘电阻值。由于吸收电流的存在，在实际中，有时还要测电缆的吸收比值。

绝缘电阻试验适用于橡塑绝缘电缆，主要包括主绝缘绝缘电阻试验和外护套绝缘电阻试验。所谓电缆主绝缘，是指电缆芯线对外皮或电缆某芯线对其他芯线及外皮间的绝缘。测量主绝缘电阻的目的是检查主绝缘是否老化、受潮，以及判别在耐压试验中暴露出来的

绝缘缺陷和绝缘电阻变化情况。所谓外护套绝缘是测量金属铠装层对地的绝缘电阻，判别外护套是否破损或受潮，以及绝缘电阻变化情况。

电缆主绝缘绝缘电阻只能有效检测出整体受潮或贯穿性缺陷，对局部缺点不敏感。电缆主绝缘绝缘电阻取决于绝缘的尺寸和材料，不同型号的电缆，绝缘材料与结构差异较大；同时受电缆头污秽状况、大气湿度等因素的影响很大。

3. 设备构成

目前测量电缆绝缘的仪器设备有手摇式绝缘电阻表和电子式绝缘电阻测试仪（见图3-2）。

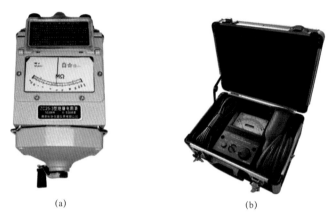

（a）   （b）

图3-2　绝缘电阻测试仪

（a）手摇式；（b）电子式

（1）手摇式绝缘电阻表，简称摇表或兆欧表。电源是通过直流手摇发电机产生，手摇发电机的转动快慢与兆欧表的输出测量高低有关，转动越快，输出电压越高（一般的额定转数为120r/min）。

（2）电子式绝缘电阻测试仪。直流电源由电池通过直流转直流电压变换器产生，其电路通常由电池、高频振荡器、功率放大器、高频升压变压器及倍压正路电路等组成。

上述两种兆欧表，其测量精度一般分为1.0、2.0、5.0、10、20级，其电压等级有100、500、1000、2500V和5000V，测量范围为$0 \sim 10^{11}\Omega$。

二、试验要求及判据

1. 总体要求

（1）在对电缆进行绝缘电阻测量时，由于电缆的分布电容的大小与其长度成正比且比较大，因此在加压测量前后都要注意较长时间的放电，以防止烧坏兆欧表或造成测量误差。

（2）每次测试完毕后不要关断仪器电源，应先断开"L"端与电缆的连接。

（3）注意保证测试线之间及测试线"L"与地之间的绝缘良好。

（4）当测试电压较高时应注意"G"端的连接。

（5）测试时，应记录环境温度或电缆温度，并进行标准温度换算。

（6）对电缆系统进行测量绝缘电阻时，应分别在每一相上进行。对一相进行测量时，其他两相导体、金属屏蔽或金属套和铠装层一起接地。

（7）绝缘电阻测试过程应有明显充电现象。

（8）电缆电容量大，充电时间较长，试验时必须给予足够的充电时间，待绝缘电阻表指针完全稳定后方可读数。

（9）测量过程中必须保证通信畅通，对侧配合的试验人员必须听从试验负责人指挥。

（10）在测量电缆线路绝缘电阻时，必须进行感应电压测量。

（11）当电缆线路感应电压超过绝缘电阻表输出电压时，应选用输出电压等级更高的绝缘电阻表。

2. 判据

橡塑绝缘电缆的试验项目、周期和判据见表 3-1。

表 3-1　　　　　　　　橡塑绝缘电缆的试验项目、周期和判据

序号	项目	周期	判据	说明
1	主绝缘绝缘电阻	（1）重要电缆：1 年。 （2）一般电缆： 3.6/6kV 及以上 3 年； 3.6/6kV 以下 5 年	（1）绝缘电阻与上次（出厂值）相比不应有显著下降。 （2）耐压试验前后，绝缘电阻测量应无明显变化	（1）0.6/1kV 电缆用 1000V 绝缘电阻表。 （2）0.6/1kV 以上电缆用 2500V 绝缘电阻表。 （3）3.6/6kV 及以上电缆用 5000V 绝缘电阻表
2	外护套绝缘电阻	（1）重要电缆：1 年。 （2）一般电缆： 3.6/6kV 及以上 3 年； 3.6/6kV 以下 5 年	每千米绝缘电阻值不应低于 0.5MΩ	用 500V 绝缘电阻表

三、操作流程与要求

1. 主绝缘绝缘电阻测试

（1）记录电缆铭牌，运行编号及大气条件等。

（2）试验前拉开试验电缆两端的线路和接地刀闸，将电缆与其他设备完全断开。

（3）试验人员戴绝缘手套，用已接地的绝缘棒对电缆三相逐相充分放电（先经放电棒前端电阻放电，再直接放电）。

（4）根据电缆铭牌选择绝缘电阻表的电压等级，并校验绝缘电阻表是否短路指针指零和开路指针指示无穷大，具体做法参见使用绝缘电阻表使用说明。

（5）用干燥清洁的柔软布擦去电缆头的表面污垢，必要时可用汽油擦拭，以消除表面泄漏电流的影响，如环境湿度较大需加屏蔽线。

（6）连接好试验接线，对一相进行测量时，其他两相导体、金属屏蔽或金属套和铠装层一起接地，对端三相电缆悬空，且须人员看守监护。将测量线一端接绝缘电阻表"L"端，绝缘电阻表"E"端接地。具体试验接线如图 3-3、图 3-4 所示。

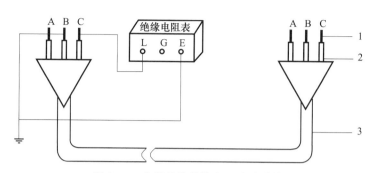

图 3-3 电缆芯线绝缘电阻试验接线

1—线芯导体；2—被测线芯绝缘；3—电缆外护套

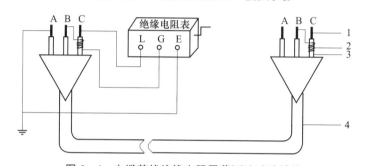

图 3-4 电缆芯线绝缘电阻屏蔽测法试验接线

1—线芯导体；2—屏蔽保护环；3—被测线芯绝缘；4—电缆外护套

（7）打开绝缘电阻表电源或驱动绝缘电阻表至额定转速，用绝缘手套将 L 引出线另一端连至电缆，待 1min 时读取绝缘电阻值并记录。

（8）绝缘电阻测试完毕，应先断开接至电缆的测试线，然后再停止摇动绝缘电阻表。

（9）试验完毕后，对被试相电缆进行充分放电（先经放电棒前端电阻放电，再直接放电），再拆除其他试验接线。

（10）按上述步骤进行其他两相绝缘电阻试验。

2. 外护套绝缘电阻测试

（1）记录电缆铭牌，运行编号及大气条件等。

（2）试验前拉开试验电缆两端的线路和接地刀闸，将电缆与其他设备完全断开。

（3）试验人员戴绝缘手套，用已接地的绝缘棒对电缆三相逐相充分放电（先经放电棒前端电阻放电，再直接放电）。

（4）根据电缆铭牌选择绝缘电阻表的电压等级，并校验绝缘电阻表是否短路指针指零和开路指针指示无穷大，具体做法参见使用绝缘电阻表使用说明。

（5）用干燥清洁的柔软布擦去电缆头的表面污垢，必要时可用汽油擦拭，以消除表面泄漏电流的影响，如环境湿度较大需加屏蔽线。

（6）将"金属护套""金属屏蔽层"接地解开。对端三相电缆悬空，且须人员看守监护。将测量线一端接绝缘电阻表"L"端，绝缘电阻表"E"端接地。试验接线如图 3-5 所示。

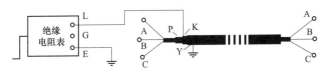

图 3－5　电缆外护套绝缘电阻试验接线

P—金属屏蔽层；K—金属护层（铠装层）；Y—绝缘外护套

（7）打开绝缘电阻表电源或驱动绝缘电阻表至额定转速，用绝缘手套将 L 引出线另一端连至"金属护层"，待 1min 时读取绝缘电阻值并记录。

（8）绝缘电阻测试完毕，应先断开接至被试电缆"金属护层"的测试线，然后再停止摇动绝缘电阻表。

（9）测试完毕后，对被试电缆"金属护层"进行充分放电（先经放电棒前端电阻放电，再直接放电），再拆除其他试验接线。

（10）试验完毕后，恢复金属护层、金属屏蔽层接地。

3. 工器具和仪器仪表（见表 3－2）

表 3－2　　　　　　　　　　　**工 器 具 和 仪 器 仪 表**

序号	名　　称		型号/规格	单位	数量	备　　注
1	绝缘防护用具	绝缘手套	选取相应电压等级	副	1	放电操作用
		安全帽	选取相应电压等级	顶		每人一顶
2	绝缘操作工具	高阻放电棒	选取相应电压等级	支	1	电缆试验前后，放电用
		接地线	选取相应电压等级	付	2	
3	绝缘电阻测试设备	绝缘电阻表	1000V、2500V	台	1	
		绝缘电阻测试仪	1000V 及以上	套	1	
4	其他主要工器具	验电器	选取相应电压等级	支	2	
		温湿度计		块	1	
		计时器		块	1	通过相关校验
		安全遮栏（围栏）		套	若干	
		安全标识牌		块	若干	
		对讲机		只	2	可根据电缆长度选择
5	材料和备品、备件	试验连接线		根	若干	
		清洁布		包	1	

4. 危险点分析及预防控制措施（见表 3－3）

表 3－3　　　　　　　　　　　**危险点分析及预防控制措施**

序号	危险点	预防控制措施
1	作业人员进入作业现场不戴安全帽，不穿绝缘鞋，操作人员没有站在绝缘垫上可能会发生人员伤害事故	进入试验现场，试验人员必须正确佩戴安全帽，穿绝缘鞋，操作人员站在绝缘垫上

续表

序号	危险点	预防控制措施
2	作业人员进入作业现场可能会发生走错间隔及与带电设备保持距离不够情况	开始试验前，负责人应对全体试验人员详细说明试验中的安全注意事项；确保操作人员及测试仪器与电力设备的中压部分保持足够的安全距离，根据带电设备的电压等级，试验人员应注意保持与带电体的安全距离不应小于《电力安全工作规程》中规定的距离
3	高压试验区不设安全围栏，会使非试验人员误入试验场地，造成触电	试验区应装设专用遮栏或围栏，应向外悬挂"止步，高压危险！"的标示牌，并有专人监护，严禁非试验人员进入试验场地
4	试验设备和被试设备因不良气象条件和外绝缘脏污引起外绝缘闪络	高压试验应在天气良好的情况下进行，遇雷雨大风等天气应停止试验，禁止在雨天和湿度大于90%时进行试验，保持设备绝缘清洁
5	电缆上残余电荷造成人员触电	进行试验接线前，以及试验结束后，对被试电缆进行充分放电，加压试验期间，非被试电缆短路接地
6	试验完成后没有恢复设备原来状态导致事故发生	试验结束后，恢复被试设备原来状态，进行检查和清理现场

5. 测试结果分析

（1）直埋橡塑电缆的外护套、聚氯乙烯外护套，受地下水的长期浸泡吸水后，或者受到外皮破坏而又未完全破损时，其绝缘电阻均可能下降至规定值以下。

（2）测得的主绝缘及护层绝缘电阻都应达到上述规定值。在测量过程中还应注意是否有明显的充放电过程。若无明显充电及放电现象，而绝缘电阻值正常，则应怀疑被试品未接入试验回路。试验记录表见表3-4。

表3-4　　　　　　　　××kV 交联聚氯乙烯电缆绝缘电阻试验记录表

线路名称			试验日期		温度	
试验地点			天气		湿度	
电缆规格	电缆型号			电缆截面积（mm²）		
	电压等级（kV）			电缆长度（m）		
电缆主绝缘电阻值（MΩ）						
试验电压（kV）：			试验设备型号：			
A 相—地：		B 相—地：			C 相—地：	
电缆外护套电阻值（MΩ）						
试验电压（kV）：			试验设备型号：			
外护套绝缘电阻：						
试验结论						
试验人员				审核人员		
备注						

第三节　交流耐压试验

一、技术概述

（一）试验目的

交流耐压试验是电力电缆敷设完成后进行的基本试验项目，是判断电力电缆线路是否可以投入电网运行的基本方法。当电力电缆线路中存在微小缺陷时，在运行过程中可能会逐渐发展成局部缺陷或整体缺陷。因此，为了考验电力电缆承受电压的能力、检验电力电缆的敷设和附件安装质量，在电力电缆投运前需要进行交流耐压试验。

（二）试验原理

电力电缆电容量一般比其他类型设备较大，如果电缆截面积较大、长度较长则需要容量很大的交流试验设备及试验电源。采用传统工频试验的试验设备体积大、重量重，并且大电流的工作电源在试验现场不易获得。为了解决这种问题，使小容量的试验电源达到试验目的，通常采用试验装置体积小、试验电源电压低、功率小、试验电压波形好的变频串联谐振进行耐压试验。对于现场不具备进行串联谐振耐压的条件时可采用频率为 0.1Hz 的超低频交流电压进行耐压试验。

1. 变频串联谐振试验原理

变频串联谐振原理如图 3-6 所示，利用励磁变压器激发串联谐振回路，通过调节电源的输出频率，使得试验回路中的感抗和容抗相等，此时回路形成谐振，这时回路中无功趋于零，回路电流最大且与输入电压同相位，使电感或电容两端获得一个高于励磁变压器输出电压 Q 倍的电压。

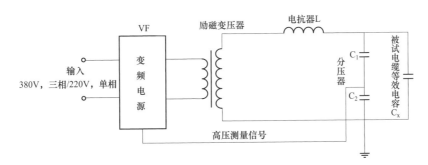

图 3-6　变频串联谐振原理

品质因数 Q 计算式为

$$Q = \frac{\omega L}{R}$$

式中：R 为电路等效电阻，Ω。

谐振频率 f_0 计算式为

$$f_0 = \frac{1}{2\pi\sqrt{LC}} \times 10^3$$

式中：f_0 为谐振频率，Hz；L 为电抗器电感，H；C 为被试电缆和分压器电容，μF。

电感和电容中的电流的计算公式为

$$I_C = I_L = \omega C U \times 10^3$$

式中：I_C、I_L 为流过电感和电容中的电流，A。

2. 0.1Hz 超低频试验原理

对于现场不具备谐振耐压的条件时可采用频率为 0.1Hz 的超低频交流电压对 35kV 及以下电压等级的电缆线路进行耐压试验（见图 3－7）。0.1Hz 超低频交流耐压试验能有效找出交联聚乙烯绝缘电缆线路的缺陷，其频率仅为工频的 1/500，根据无功功率的计算公式 $Q=2\pi fCU^2$，理论上 0.1Hz 的试验设备容量可以比工频交流试验的试验设备容量降低 500 倍。

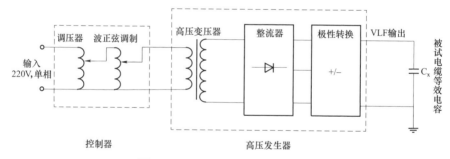

图 3－7　0.1Hz 的超低频试验原理

0.1Hz 的超低频试验装置的容量由被试电缆的电容电流和试验电压来确定，计算公式为

$$P = U_S I_{C0.1} = U_S 2\pi f_{0.1} C_x U_S = 2\pi f_{0.1} C_x U_S^2$$

式中：P 为试验装置的容量，VA；$I_{C0.1}$ 为试验频率为 0.1Hz 时流过电缆的电容电流，A；$f_{0.1}$ 为试验频率，Hz；C_x 为被试电缆电容量，μF；U_S 为试验电压，kV。

（三）设备构成

1. 变频串联谐振试验系统

变频串联谐振试验系统主要有以下几个特点。

（1）适用范围广、体积小、质量轻，试验容量大、试验电压高，操作简洁方便。变频电源可集调压、调频、控制及保护功能于一体，省去笨重的调压器，操作方便。由于系统 Q 值较高（30～150），大大减轻了由于电源容量的不足而对现场试验的制约。当电压等级较高时，电抗器可以采用多级或叠积式结构，这既便于运输又有利于现场安装。

（2）安全可靠性高。试验系统可采用过电流保护、过电压保护以及放电保护等诸多保护功能，使得设备及人身的安全得到可靠的保障；当被试电缆发生闪络、放电或击穿时，由于谐振条件被破坏，短路电流小，只有试品试验电流的 $1/Q$，避免了因击穿而对试品造成的损坏。

（3）试验的等效性好。采用接近于工频（30～300Hz）的交流电压作为试验电源，在等效性上与 50Hz/60Hz 的工频电源非常接近，保证了试验结果的可靠性和真实性。装置对高次谐波分量回路阻抗很大，所以试品上的电压波形好。

变频串联谐振试验系统的设备构成主要包括以下 5 部分。

（1）变频电源。变频电源的主要作用是为整套试验装置提供幅值和频率都可调节的电压，变频电源输出功率应满足试验要求，一般大于等于励磁变压器的输出容量。为保证试验人员和试品的安全还具有过电压保护、过电流保护、放电保护等保护功能。

（2）励磁变压器。励磁变压器的作用是将变频电源的输出电压升到合适的试验电压，满足谐振电抗器、负载在一定品质因数下的电压要求（励磁变压器的容量一般与变频电源相同），同时起到高、低压隔离的作用。励磁变压器一般为干式（环氧浇注）变压器。

（3）谐振电抗器。谐振电抗器用于与试验回路中的电容进行谐振，以获得被试电缆上的高电压。根据需要，谐振电抗器可以并联连接使用也可以串联连接使用，组成谐振电抗器组，以满足试验电压、容量和频率的要求。

（4）电容分压器。电容分压器是高电压测试器件，用来测量高压侧电压并提供保护信号，系统在计算各参数时应考虑电容分压器的电容量。电容分压器由高压臂 C_1 和低压臂 C_2 组成，测量信号从低压臂 C_2 上引出，作为试验电压测量和保护信号用。

（5）补偿电容器。补偿电容器主要用来补偿试验回路电感，使试验回路满足谐振条件和试验要求。当被试电缆的等效电容比较小时，系统谐振频率就比较高，可能不在系统规定的工作频率范围内，为了降低系统的谐振频率，这时可以通过在分压器两端并联一个或者多个补偿电容器的方法把系统谐振频率降低到期望的频率范围内，当被试电缆等效电容值较大时，可以不用增加补偿电容。

变频串联谐振试验系统的主要设备如图 3-8 所示。

| (a) | (b) | (c) | (d) | (e) |

图 3-8 变频串联谐振试验系统的主要设备

（a）变频电源；（b）励磁变压器；（c）谐振电抗器；（d）电容分压器；（e）补偿电容器

2. 0.1Hz 超低频试验系统

0.1Hz 超低频试验系统主要有以下几个特点。

（1）设备体积小、质量轻、成本低。0.1Hz 超低频试验设备的实际容量远比工频交流耐压试验设备小，设备体积也远小于工频试验设备，具有设备轻便、体积小等优点，另外设备成本接近直流测试系统。

（2）易于接线、操作简易。超低频耐压试验设备一般为一体化设备，现场接线方便、操作简单容易。

（3）可用于测电缆的介质损耗。用 0.1Hz 超低频正弦电压试验时，可以测量电缆的介质损耗，对检测绝缘中的水树，全面地评价电缆的绝缘状况提供参考。

0.1Hz 超低频试验系统的设备构成主要包括以下 2 部分。

（1）控制器。控制整套试验装置，为高压电源提供超低频信号输入，主要由电源模块、微机控制超低频信号发生器、电压整定控制、过电流保护、过电压保护等功能电路块组成。

（2）高压发生器。主要给被试电缆提供试验所需的高电压，由升压变压器、高压整流器、电压电流采样整件等组成。

0.1Hz 超低频试验装置因为体积小、质量轻，一般情况下可以把控制器、高压电源、分压器集成到一起，形成一体化设备（见图 3-9），这样现场接线更加简洁可靠。

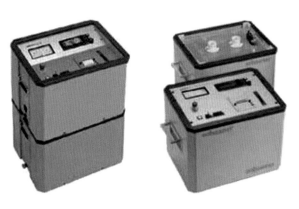

图 3-9　0.1Hz 超低频可分离式一体化设备

二、试验要求及判据

（一）总体要求

（1）被试电缆已安装到位，达到投运状态。

（2）电缆屏蔽层过电压保护器短接，并使测量端电缆金属屏蔽或金属套临时接地。

（3）电缆终端与环网柜相连，应采取相应措施断开与电缆的连接并接地，且与电缆的间距应满足电缆交流耐压试验时不产生放电和击穿为准。

（4）试验电压从电缆的终端头施加，试验前试验套管应安装到位且符合试验要求。试验一相时，屏蔽层连同其他两相屏蔽层、导体一起接地。

（5）现场提供 380V AC、10A 容量试验电源，协助试验人员连接高压引线。

（二）参数计算

在对电缆线路进行耐压试验前，应计算试验所需的电源容量及设备配置。假设对两条分别为 0.6km 的 YJV22－8.7/15kV－3×70mm² 电缆和一条长度为 2km 的 YJV22－8.7/15kV－3×300mm² 电缆进行变频耐压试验，试验电压为 21.75kV、2.5U_0（5min）。

试验设备配置如下。

（1）变频电源（1台）。输入电压：380V，三相，50Hz；输出电压：0～350V；输出容量：30kW；输出电流：85A；频率调节范围：30～300Hz。

（2）励磁变压器（1台）。输入：350V，30Hz，85A；输出：1.5kV/20A，3kV/10A，4.5kV/5A，6kV/5A；额定容量：30kV。

（3）试验电抗器（4只）。额定电压：27kV；额定电流：3A；额定容量：81kVA；额定电感量：40H。

（4）110/0.001 分压器（1只）。电容量为1000pF；额定电压：110kV；精度：1级。

试验加压曲线如图 3－10 所示。

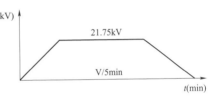

图 3－10　交流耐压试验加压曲线

线路 1：YJV22－8.7/15kV－3×70mm²，长度为 0.6km。

谐振时的频率为

$$f_1 = \frac{1}{2\pi\sqrt{L(C_x + C_0)}} = \frac{1}{2 \times 3.14 \times \sqrt{80 \times (0.217 \times 0.6 + 0.001) \times 10^{-6}}} = 49.2\,(\text{Hz})$$

试验电压下电缆的电流为

$$I_1 = 2\pi f C_x U_S = 2 \times 3.14 \times 49.2 \times (0.217 \times 0.6 + 0.001) \times 10^{-6} \times 21.75 \times 10^3 = 0.88\,(\text{A})$$

试验容量为

$$P_1 = U_S I_1 = 21.7 \times 0.88 = 19.1\,(\text{kVA})$$

式中：L 为试验电抗器电感量；C_x 为电缆估算电容量（8.7/15kV－3×70mm² 交联聚乙烯电缆每千米电容量为 0.217μF）；C_0 为分压器和补偿电容器总的电容量。

线路 2：YJV22－8.7/15kV－3×300mm²，长度为 2km。

谐振时的频率为

$$f_2 = \frac{1}{2\pi\sqrt{L(C_x + C_0)}} = \frac{1}{2 \times 3.14 \times \sqrt{40 \times (0.37 \times 2 + 0.001) \times 10^{-6}}} = 29.3\,(\text{Hz})$$

试验电压下电缆的电流为

$$I_2 = 2\pi f C U = 2 \times 3.14 \times 29.3 \times (0.37 \times 2 + 0.001) \times 10^{-6} \times 21.75 \times 10^3 = 2.96\,(\text{A})$$

试验容量为

$$P_2 = U_S I_1 = 21.7 \times 2.96 = 64.4\,(\text{kVA})$$

式中：L 为试验电抗器电感量；C_x 为电缆估算电容量（8.7/15kV－3×300mm² 交联聚乙烯电缆每千米电容量为 0.37μF）；C_0 为分压器和补偿电容器总的电容量。

根据试验参数估算线路 1 需要两只电抗器串联，线路 2 需要一只电抗器。

（三）判据

根据 Q/GDW 11838—2018《配电电缆线路试验规程》的规定，配电电缆主绝缘交流耐压采用 20～300Hz 的交流电压对电缆线路进行试验时要求见表 3－5。

表 3－5 　　　　　　　　　　配电电缆主绝缘交流耐压试验要求

电压形式	额定电压 U_0/U（kV）			
	18/30 及以下		21/35 与 26/35	
	新投运线路或不超过 3 年的非新投运线路	非新投运线路	新投运线路或不超过 3 年的非新投运线路	非新投运线路
	试验电压（时间）			
20～300Hz 交流电压	$2.5U_0$（5min）或 $2.0U_0$（60min）	$2.0U_0$（5min）或 $1.6U_0$（60min）	$2.0U_0$（60min）	$1.6U_0$（60min）
0.1Hz 超低频	$3.0U_0$（15min）或 $2.5U_0$（60min）		$2.5U_0$（15min）或 $2.0U_0$（60min）	

试验中如无破坏性放电发生，则认为通过耐压试验。

三、操作流程

（一）操作流程图（见图 3-11）

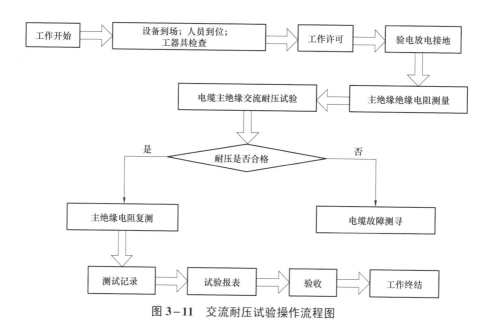

图 3－11 　交流耐压试验操作流程图

（二）工器具和仪器仪表（见表3-6）

表 3-6　　　　　　　　　　　　工 器 具 和 仪 器 仪 表

序号	名　　称		型号/规格	单 位	数量	备　注
1	绝缘防护用具	绝缘手套	选取相应电压等级	副	1	放电操作用
		安全帽	选取相应电压等级	顶		每人一顶
2	绝缘操作工具	高阻放电棒	选取相应电压等级	支	1	电缆试验前后，放电用
		接地线	选取相应电压等级	副	2	
3	交流耐压试验设备	绝缘电阻检测仪	2500V 及以上	台	1	应具备 5000V，2500V 两个测量挡位
		交流耐压试验系统	10kV/35kV	套	1	可选择串联谐振系统或 0.1Hz 超低频系统
4	其他主要工器具	验电器	选取相应电压等级	支	2	
		温湿度计		块	1	
		计时器		块	1	通过相关校验
		安全遮栏（围栏）		套	若干	
		安全标识牌		块	若干	
		对讲机		只	2	可根据电缆长度选择
5	材料和备品、备件	试验连接线		根	若干	
		清洁布		包	1	

（三）危险点分析及预防控制措施（见表3-7）

表 3-7　　　　　　　　　　危险点分析及预防控制措施

序号	危险点	预防控制措施
1	作业人员进入作业现场不戴安全帽，不穿绝缘鞋，操作人员没有站在绝缘垫上可能会发生人员伤害事故	进入试验现场，试验人员必须正确佩戴安全帽，穿绝缘鞋，操作人员站在绝缘垫上
2	作业人员进入作业现场可能会发生走错间隔及与带电设备保持距离不够的情况	开始试验前，负责人应对全体试验人员详细说明试验中的安全注意事项；确保操作人员及测试仪器与电力设备的中压部分保持足够的安全距离，根据带电设备的电压等级，试验人员应注意保持与带电体的安全距离不应小于《电力安全工作规程》中规定的距离
3	高压试验区不设安全围栏，会使非试验人员误入试验场地，造成触电	试验区应装设专用遮栏或围栏，应向外悬挂"止步，高压危险！"的标示牌，并有专人监护，严禁非试验人员进入试验场地
4	加压时无人监护，升压过程不呼唱，可能会造成误加压或非试验人员误入试验区，造成人员触电或设备损坏	试验过程派专人监护，升压时进行呼唱，试验人员在试验过程中注意力应高度集中，防止异常情况的发生。当出现异常情况时，应立即停止试验，查明原因后，方可继续试验
5	登高作业可能会发生高空坠落和设备损坏	工作中如需使用登高工具时，应做好防止设备损坏和人员高空摔跌的安全措施
6	试验设备接地不良，可能会造成试验人员伤害或仪器损坏	试验器具的接地端和金属外壳应可靠接地，试验仪器与设备的接线应牢固可靠

序号	危险点	预防控制措施
7	不断开试验电源，不挂接地线，可能会对试验人员造成伤害	遇异常情况、变更接线或试验结束时，应首先将电压回零，然后断开电源侧隔离开关，并在试品和加压设备的输出端充分放电并接地
8	试验设备和被试设备因不良气象条件和外绝缘脏污引起外绝缘闪络	高压试验应在天气良好的情况下进行，遇雷雨大风等天气应停止试验，禁止在雨天和湿度大于 90%时进行试验，保持设备绝缘清洁
9	对电缆上其他设备误加压，造成设备损坏	拆除金属护套过电压保护器
10	电缆上残余电荷造成人员触电	进行试验接线前，以及试验结束后，对被试电缆进行充分放电，加压试验期间，非被试电缆短路接地
11	试验完成后没有恢复设备原来状态导致事故发生	试验结束后，恢复被试设备原来状态，检查和清理现场

（四）试验前准备

（1）了解现场气象条件。了解现场气象条件，判断是否符合《电力安全工作规程》对该作业的要求。电缆试验应在良好天气下开展，若遇雷电、雪、雹、雨、雾等不良天气应暂停检测工作，试验过程中若遇天气突然变化，有可能危及人身及设备安全时，应立即停止工作，撤离人员，恢复设备正常状况，或采取临时安全措施。

（2）现场勘查。现场总工作负责人应提前组织有关人员进行现场勘查，根据勘查结果做出能否进行电缆交流耐压试验的判断，并确定应采取的安全技术措施。现场勘查包括作业现场道路是否满足要求、能否停放作业车、工作现场的电源引入处配置是否符合要求等。

（3）组织现场作业人员学习试验方案，交代工作任务。组织现场作业人员学习试验方案，使作业人员掌握整个操作程序，理解工作任务及操作中的危险点及控制措施。检查作业人员精神状态是否良好，人员是否合适。

（4）检测试验设备、仪器仪表、工器具。检查绝缘电阻测试仪、交流耐压试验设备性能是否正常，保证设备电量充足或者现场交流电源满足仪器使用要求。核对绝缘工器具和辅助器具的使用电压等级和试验周期并检查外观完好无损。清点并检查安全用具等是否齐全，且在有效期内，并摆放整齐。

（5）准备工作。工作负责人核对电缆线路名称，在试验点操作区域装设安全围栏，悬挂标识牌，试验前封闭安全围栏。确认电缆已停电，做好验电、放电和接地工作。电缆放电时用高阻放电棒，先用带电阻的放电端部渐渐接近电缆的接线端子，反复几次放电，待放电时不再有明显火化时，再用直接接地的接地线放电。装设接地线时应先接接地端，后接导线端，拆接地线的顺序与此相反。拆开电缆两端连接设备，清洁电缆两侧终端。

（五）试验过程

1. 主绝缘绝缘电阻测量

按照本章第一节电缆主绝缘绝缘电阻测试的操作方法与要求对电缆 A、B、C 三相分别进行绝缘电阻测量并记录测量结果。

2. 交流耐压试验

（1）串联谐振交流耐压。

1）检查并核实电缆两侧是否满足试验条件。按照图 3-12 正确连接试验设备，先将试验设备外壳接地，变频电源输出与励磁变压器输入端相连，励磁变压器高压侧尾端接地，高压输出与电抗器尾端连接，如电抗器两节串联使用，注意上下节首尾连接，电抗器高压端与分压器和电缆被试芯线相连，若试品容量较小可并联补偿电容器，若试品容量较大可并联电抗器，非试验相、电缆屏蔽层及铠装层接地。高压引线应尽可能短，绝缘距离足够，试验接线准确无误且连接可靠。

2）开始试验前再次检查接线无误。试验时首先合上电源开关，再合上变频电源控制开关和工作电源开关，整定过电压保护动作值为试验电压值的 1.1～1.2 倍，检查变频电源各仪表档位和指示是否正常。

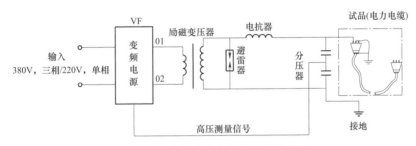

图 3-12　电缆变频串联谐振试验接线

3）合上变频电源主回路开关，调节电压至试验电压的 3%～5%，然后调节频率，观察励磁电压和试验电压。当励磁电压最小，输出的试验电压最高时，则回路发生谐振，此时应根据励磁电压和输出的试验电压的比值计算出系统谐振时的 Q 值，根据 Q 值估算出励磁电压能否满足耐压试验值。若励磁电压不能满足试验要求，应停电后改变励磁变压器高压绕组接线，提高励磁电压。若励磁电压满足试验要求，按升压速度（1～2kV/s）要求升压至耐压值，记录电压和时间（加压过程应有专人监护，全体试验人员应精力集中，随时准备异常情况发生；一旦出现放电和击穿现象，应听从试验负责人的指挥，将电压降至零，切除试验电源，情况分析清楚后方可重新进行试验）。升压过程中注意观察电压表和电流表及其他异常现象，到达试验时间后，降压，依次切断变频电源主回路开关、工作电源开关、控制电源开关和电源开关，对电缆进行充分放电并接地后，拆改接线。

重复上述操作步骤进行其他相试验。

（2）0.1Hz 超低频交流耐压。

1）检查并核实电缆两侧是否满足试验条件。按照图 3-13 正确连接试验设备，先将试验设备外壳接地，高压输出端接被试电缆，控制器输出与高压发生器输入连接，非试验相、电缆屏蔽层及铠装层接地。高压引线应尽可能短，绝缘距离足够，试验接线准确无误且连接可靠。

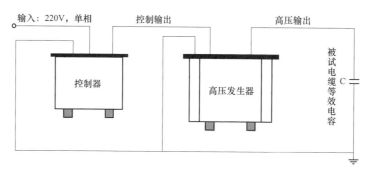

图 3－13　0.1Hz 超低频试验接线

2）开始试验前再次检查接线无误。试验时首先合上电源开关，再合上控制器电源控制开关和工作电源开关，设定好试验频率、升压试验、时间和电压以及高压侧的过电流保护值和过电压保护值。

3）按升压要求加压（加压过程应有专人监护，全体试验人员应精力集中，随时准备异常情况发生；一旦出现放电、击穿输出波形畸变等现象，应听从试验负责人的指挥，将电压降至零，切除试验电源，情况分析清楚后方可重新进行试验），升至试验电压时开始记录试验时间并读取试验电压值。试验过程中注意观察电压表和电流表及其他异常现象，到达试验时间后，降压，切断电源，对电缆进行充分放电并接地后，拆改接线。

重复上述操作步骤进行其他相试验。

3．主绝缘绝缘电阻复测

按照本章第一节电缆主绝缘绝缘电阻测试的操作方法与要求对电缆 A、B、C 三相分别进行绝缘电阻复测并记录测量结果。

4．测试记录

主绝缘绝缘电阻测量、交流耐压试验同时做好测试记录。表 3－8 ××kV 交联聚乙烯电缆交流试验报告规定记录内容包括线路名称、试验地点、试验时间、占空比、谐振频率、励磁电压、励磁电流、试验电压等。

表 3－8　　　　　　　　　××kV 交联聚乙烯电缆交流试验报告

线路名称			试验日期		温度	
试验地点			天气		湿度	
电缆规格	电缆型号			电缆截面（mm²）		
	电压等级（kV）			电缆长度（m）		
电缆主绝缘电阻值（MΩ）						
试验电压（kV）：		试验设备型号：				
耐压前	A 相一地：		B 相一地：		C 相一地：	
耐压后	A 相一地：		B 相一地：		C 相一地：	
变频串联谐振交流耐压						

相序	试验电压 （kV）	占空比 （%）	谐振频率 （Hz）	励磁电压 （V）	励磁电流 （A）	试验时间 （min）
A 相						
B 相						
C 相						

试验设备型号：

0.1Hz 超低频交流耐压			
相序	频率（Hz）	试验电压（kV）	试验时间（min）
A 相			
B 相			
C 相			

试验设备型号：		
试验结论		
试验人员	审核人员	
备注		

（六）工作终结

召开现场收工会，作业人员向工作负责人汇报测试结果，工作负责人对完成的工作进行全面检查并进行工作点评和总结。

清点工具，清理工作现场，检查被试设备上无遗留工器具和试验用导地线，回收设备材料，拆除安全围栏，人员撤离。

试验时为确保试验流程无遗漏可以使用试验工序卡（见表 3−9）。

表 3−9　　　　　　　　　　　电力电缆交流耐压试验工序卡

设备（线路）名称_____

一		试验准备	
编号	项　目	要　求	执行情况（√）
1	了解被试电缆状况	较全面了解	
2	试验方案	通过审核审批	
3	准备必要的仪器仪表及工器具	完整无缺	
4	试验负责人进行试验人员的分工	分工明确	
5	核对被试设备，确认设备状态	被试设备具备试验方案上的试验条件	
6	试验方案交底，交代安全措施和注意事项	交底完备	

二		试验过程	
编号	项　目	要　求	执行情况（√）
1	试验设备就位，检查试验设备	设备在被试电力电缆附近就位，试验设备外观上没有部件损坏等问题	
2	试验接线	按照试验方案要求	
3	检查试验接线	接线连接正确无误，牢固可靠	
4	检查安全措施	电力电缆两侧安全措施完备无误，监护人员就位	
5	交流耐压试验前被试电缆各相绝缘电阻测量	绝缘电阻值满足相应标准要求	
6	试验设备检查及空升	试验设备正常，各个仪表显示无误	
7	带被试电缆进行试验回路频率谐振点调节（串联谐振）	试验频率范围是 30～300Hz，推荐试验频率45～65Hz	
8	加压测量 A 相	按照试验方案要求进行	
9	更改接线测量 B 相	按照试验方案要求进行	
10	更改接线测量 C 相	按照试验方案要求进行	
11	各相绝缘电阻试验后测量	加压前后绝缘电阻无明显变化	
三		试验终结	
编号	项　目	要　求	执行情况（√）
1	试验负责人确认试验内容	无遗漏	
2	试验负责人初步检查试验结果	试验数据准确	
3	试验拆线，设备装车	无遗留物	
4	试验负责人检查被试设备是否恢复到试验前的状态	确认无误	
5	拆除试验专用安全措施	无遗漏	
6	清理试验现场，试验人员撤离	无遗漏	
四		试验结论	
自检记录	试验结论		
	存在问题及处理意见		
试验负责人		试验人员	
试验日期			

第四节　线路相位检查试验

一、技术概述

（一）试验目的

我国电力系统供电以三相供电系统为主，每相之间有一个固定的相位差，按照各相依

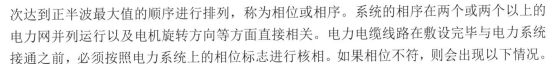

次达到正半波最大值的顺序进行排列，称为相位或相序。系统的相序在两个或两个以上的电力网并列运行以及电机旋转方向等方面直接相关。电力电缆线路在敷设完毕与电力系统接通之前，必须按照电力系统上的相位标志进行核相。如果相位不符，则会出现以下情况。

（1）如使用电缆线路联络两个电源时，相位不符会导致相间短路立即跳闸。

（2）当由电缆送电至用户时，两相相位不对会使用户的电动机倒转。三相相位全部接错会使有双路电源的用户无法采用双电源并列运行。

（3）当通过电缆线路给中压配电变压器供电时，会造成低压侧电网无法合环并列运行。

但是电缆的相位又无法用直观的方法来确定，且易在电缆施工过程中造成相位错乱，所以在 GB 50150《电气装置安装工程　电气设备交接试验标准》、GB 50168《电气装置安装工程　电缆线路施工及验收标准》中明确要求电缆线路在交接及运行中重做接线头时应核对线缆相位，在电缆终端上应有明显的相位标识，且应与系统的相位一致。

电缆线路相位检查试验按照使用环境一般可分为带电电缆相位检查和停电电缆相位检查。

（二）试验原理

1. 带电电缆相位检查

目前使用较多的带电核相方式都是通过核相仪实现的。

（1）就地型无线高压核相仪。对被测高压线路的相位信号进行采集，由核相仪的两个采集器获取，经过处理后发射出去。再通过核相仪手持式主机接收并进行相位比对，然后根据比对结果进行定性判断，并且实时显示相位角度差。

（2）网络定相系统。此类系统通过确定一个基准相色，然后通过网络服务器与专用无线核相仪进行数据交流，令每一次核相都可以有一个统一的参考值，只需要一台专用无线核相仪便可以完成远距离核相，并且因为是统一的核相标准，所以在核相的同时，还能够完成定相工作，从而保证区域内的相色标识的统一。需在电网或子电网的范围内设立一台电网网络定相基站，该基站可以全天不间断地采集当地电网的三相工频电压波形的相位角信息以及 GPS 时间信息，然后通过有线网络或 2G/3G/4G 网络接入专用网络，并通过专用网络将采集到的相位信号和 GPS 卫星时间信号上传至"后台服务器"。

当使用专用无线核相仪进行网络核相时，无线核相仪通过无线网络与采集器通信得到待测线路的相位信息，然后通过专用网络将数据传送到"后台服务器"，"后台服务器"通过对比基站与无线核相仪的实时相位数据，从而确定待测线路的相色、相序。

2. 停电电缆相位检查

（1）电池法核对相位。将三芯电缆两端的线路接地刀闸拉开，对电缆进行充分放电，对侧三相全部悬空。在电缆的一端拟定一个 A 相与电池组正极相连，拟定 B 相接电池组负极；在电缆的另一端，用直流电压表测量任意两相芯线，当直流电压表指针正向摆动时，直流电压表正极为 A 相，负极为 B 相，剩下一相则为 C 相。

（2）万用表核对相位。将三芯电缆两端的线路接地刀闸拉开，对电缆进行充分放电，对侧三相全部悬空。将万用表调至通断测试挡，测量线正极接拟定电缆 A 相，另一端接电缆铠装或金属屏蔽层。通知对侧人员将电缆其中一相用试验线与电缆铠装或金属屏蔽层短接，另两相悬空。电阻为零时的芯线为 A 相，完毕后记录。完成上述操作后，通知对侧试验人员将测试线接在另一相，重复上述操作。

（3）绝缘电阻表法核对相位。将电缆两端的线路接地刀闸拉开，对电缆进行充分放电，对侧三相全部悬空，将测量线一端接绝缘电阻表"L"端，另一端接绝缘杆，绝缘电阻表"E"端接地。通知对侧人员将电缆其中一相接地（以 A 相为例），另两相空气开关。试验人员驱动绝缘电阻表，将绝缘杆分别搭接电缆三相芯线，绝缘电阻为零时的芯线为 A 相。试验完毕后，将绝缘杆脱离电缆 A 相，再停止驱动绝缘电阻表。对被试电缆放电并记录。完成上述操作后，通知对侧试验人员将接地线接在线路另一相，重复上述操作，直至对侧三相均有一次接地。

（4）核对两条电缆并联运行电缆相位。试验人员在电缆一端将两根电缆 A 相接地，B 相短接，C 相"悬空"。试验人员再在电缆的另一端用绝缘电阻表分别测量六相导体对地及相间的绝缘情况，将出现下列情况：① 绝缘电阻为零，判定是 A 相；② 绝缘电阻不为零，且两根电缆相通相，判定是 B 相；③ 绝缘电阻不为零，且两根电缆也不通的相，判定是 C 相。

（三）设备组成

电缆线路相位检查试验的设备主要有无线高压核相仪、绝缘电阻表和万用表，如图 3－14 所示。

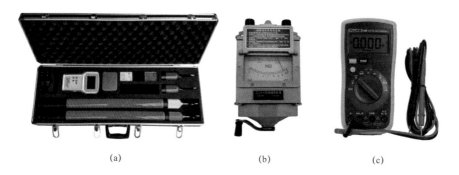

(a)　　　　　　　　　　(b)　　　　　　　(c)

图 3－14　电缆线路相位检查试验设备

（a）无线高压核相仪；（b）绝缘电阻表；（c）万用表

二、操作流程

1. 测试前的准备工作

（1）了解被试设备现场情况及试验条件。查勘现场，查阅相关技术资料，包括该电缆历年试验数据及相关规程，掌握该电缆运行及缺陷情况等。

（2）试验仪器、设备准备。选择合适的核相仪、绝缘电阻表、万用表、电池、温（湿）

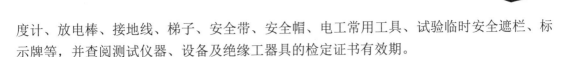

度计、放电棒、接地线、梯子、安全带、安全帽、电工常用工具、试验临时安全遮栏、标示牌等，并查阅测试仪器、设备及绝缘工器具的检定证书有效期。

（3）办理工作票并做好试验现场安全和技术措施。向试验人员交代工作内容、带电部位、现场安全措施、现场作业危险点，明确人员分工及试验程序。

2. 测试中应注意的事项

（1）试验前后必须对被试电缆充分放电。

（2）在核对电缆线路相序之前，必须进行感应电压测量。

3. 电缆试验操作危险点分析及控制措施

（1）挂接地线时，应使用合格的验电器验电，确认无电后再挂接地线。严禁使用不合格验电器验电，禁止不戴绝缘手套强行盲目挂接地线。

（2）接地线截面、接地棒绝缘电阻应符合被测电缆电压等级要求；装设接地线时，应先接接地端，后接电缆端；接地线连接可靠，不准缠绕；解除接地线时操作顺序相反。

（3）连接试验引线时，应做好防风措施，保证足够的安全距离。

（4）电缆试验前非试验相要可靠接地，避免感应触电。

（5）所有移动电气设备外壳必须可靠接地，认真检查施工电源，防止漏电伤人，按设备额定电压正确装设剩余电流动作保护装置。

（6）电气试验设备应轻搬轻放，往杆、塔上传递物件时，禁止抛递抛接。

（7）杆、塔上试验使用斗臂车拆搭火时，现场应设监护人，斗臂车起重臂下严禁站人，服从统一指挥，保证与带电设备保持安全距离。

（8）杆、塔上工作必须穿绝缘鞋、戴安全帽、使用后备保护绳。

（9）认真核对现场停电设备与工作范围。

第四章

常用的离线检测技术

第一节 阻尼振荡波局部放电检测

一、技术概述

（一）技术原理

阻尼振荡波（Damped AC，DAC）局部放电检测技术作为一种用于交联电缆现场绝缘性能检测的新兴技术，是目前国内外研究机构与电力运行部门密切关注的热点。其技术实质是应用阻尼振荡波电压替代工频交流电压作为试验电压激发被试设备的绝缘缺陷，采用符合 IEC 60270 的脉冲电流法局部放电现场测试、基于时域反射法的局部放电源定位和基于振荡波形衰减的介质损耗测量的综合测试技术。阻尼振荡波下的局部放电激发原理如图 4−1 所示，阻尼交流电压幅值逐渐减小，频率在几十到几千赫兹之间。由于局部放电现象和所加电压频率有直接的关系，为保证与 50Hz 工频的等效性，一般要求试验电压频率越接近 50Hz。

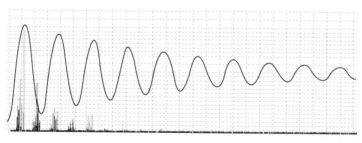

图 4−1　阻尼振荡波下的局部放电激发原理

基于振荡波技术的局部放电测试系统（简称 OWTS）（见图 4−2）是国内外普遍采用针对交联电缆现场绝缘性能检测的设备，根据国内外应用经验来看，该方法在现场能够有效发现因制造、敷设、安装引起的各类电缆缺陷，特别对于中间接头局部放电缺陷的检出最为有效，由于中间接头的局部放电多为安装缺陷所导致，因此采用 OWTS 进行局部放电定位能够实现对电缆现场安装工艺质量的有效控制。由于设备体积较传统的变频耐压局部放电设备轻便，加压过程中设备本身不产生放电，测量抗干扰能力强，可以施加较高的电压以有效激发出局部放电并实现放电点定位，该方法近年来在国内配电网中压电缆线路竣工试验及预防性试验中得到推广和广泛应用，在北京、上海、浙江、江苏、广东等多个地区均取得了公认的效果。

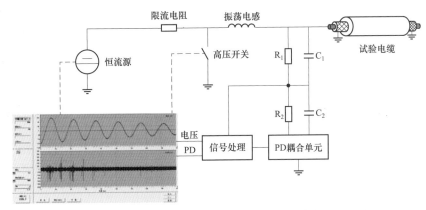

图 4-2　基于阻尼振荡波的电缆局部放电试验系统（OWTS）

振荡波电压的产生是利用恒流电源以线性升压方式对被测电缆充电蓄能，自动加压至预设电压值，整个升压过程电缆绝缘无静态直流电场存在。加压完成后，IGBT（高压光触开关）在 1μs 内闭合 LC 回路，由测试仪器电感和被试电缆电容形成振荡回路，产生频率为 20～500Hz 幅值逐次衰减的振荡交流电压，试验加压及振荡过程如图 4-3 所示。在振荡电压激励下，电缆内部潜在缺陷激发局部放电，测控主机通过局部放电分压/耦合单元采集振荡波和局部放电信号。对被试电缆逐级加压测试、采集数据，并经过数据分析后可得到电缆的局部放电特征参数和放电位置。

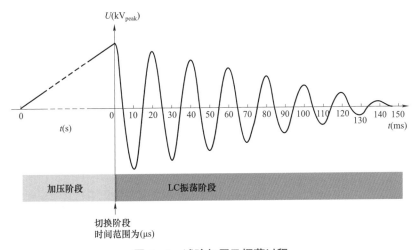

图 4-3　试验加压及振荡过程

（二）测试系统组成

配电电缆 OWTS 主要由一体化高压发生器、测控主机、标准脉冲校准器、外部安全控制器、高压连接线、用于短电缆试验的辅助电容及其他配件组成，图4-4展示了目前国内外使用较多的几种 OWTS。此外，试验中还需要绝缘电阻测试仪、波反射仪、电缆均压帽，以及接地线、放电棒等其他安全工器具，图4-5展示了几种试验所需的主要配件。阻尼振荡波局部放电试验系统及整体接线如图4-6所示。

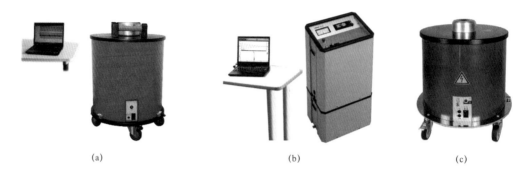

（a）　　　　　　　　　　　（b）　　　　　　　　　　　（c）

图4-4　国内外常见的几种 OWTS

（a）上海慧东公司 OWTS；（b）德国 SebaKMT 公司 DAC 系统；（c）瑞士 Onsite 公司 OWTS 系统

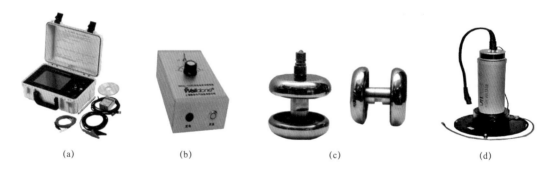

（a）　　　　　　　　（b）　　　　　　　　（c）　　　　　　　　（d）

图4-5　OWTS 的主要配件

（a）波反射仪；（b）标准脉冲校准器；（c）电缆均压帽；（d）辅助电容

二、检测方法与要求

（一）试验条件

1. 试验环境要求

（1）试验环境的温度宜在 −10～+40℃。

（2）空气湿度不宜大于 90%。

（3）若在室外，雷、雨、雾、雪天气无法试验。

（4）试验端子要保持清洁。

（5）避免电焊、气体放电灯等强电磁信号干扰。

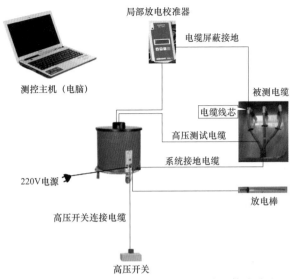

图 4-6　阻尼振荡波局部放电试验系统及整体接线

2. 电源及接地要求

（1）试验现场电源要求：220V，50Hz。

（2）如采用发电机，发电机的功率不应低于市电要求，不可采用变频稳压功能的发电机。

（3）现场须有可靠的接地端子。

（二）试验步骤及方法

1. 电缆预处理（见图 4-7）

（1）局部放电测试前，应将被测电缆段进行断电、接地放电，确保电缆上没有残余电荷。

（2）将电缆接头处的电压互感器（TV）、避雷器等其他设备拆除，并隔离附近带电设施，布置好安全围栏。

（3）将电缆头擦拭干净，并确保电缆段两端悬空并做好均压处理，三相电缆头之间及与接地部位保持足够的绝缘距离。

（4）已经存在故障的电缆及终端未制作完的电缆不允许开展试验。

图 4-7　被试电缆的预处理

（4）收集并记录电缆长度、型号、类型、投运日期等参数。

（5）当电缆长度处于 $50m \leqslant L \leqslant 3km$ 时采用一端测试，电缆长度 $L > 3km$ 时宜从电缆两端分别进行测试。

2. 绝缘电阻测试（见图 4-8）

对于 10kV 电压等级的电缆主绝缘电阻测试，采用 5000V 或 10 000V 的绝缘电阻表进行测量，绝缘电阻在试验前后应无明显变化，一般情况下，绝缘电阻大于 50MΩ 可进行下一步试验。

3. 电缆参数测量（见图 4-9）

采用波反射法电缆故障定位仪（简称波反射仪，TDR）对电缆全长及其中间接头位置进行测试，以测量电缆长度及接头位置。电缆参数测量要求电缆全长必须准确，以用于校准。中间接头测量尽量准确和详细，有利于判断局部放电位置。波反射仪的测量范围一般为 50～15 000m，因此需根据电缆长度调节测量范围。测试完成后将电缆参数、中间接头等情况与电缆线路的台账信息进行核对。

图 4-8　绝缘电阻测试

图 4-9　电缆参数测量

4. 振荡波局部放电试验

（1）试验接线。试验系统的接线方式如图 4-10 所示。根据所用仪器的不同，部分公司的 OWTS 当被测电缆长度小于 250m 时，需要连接补偿电容，试验接线方式应为图 4-11 所示。

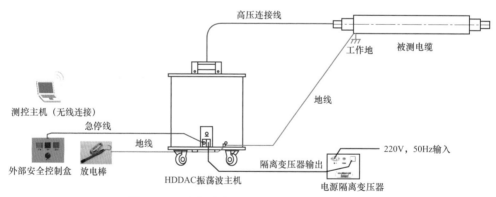
图 4-10　试验系统的接线方式（无补偿电容）

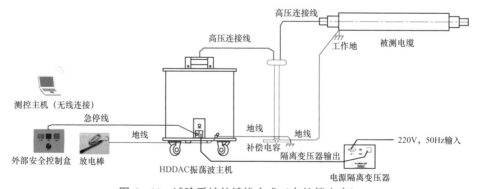
图 4-11　试验系统的接线方式（有补偿电容）

为确保人身及设备安全，应特别注意接线顺序。分别连接并确认好高压单元的保护接地和工作接地，将放电棒与系统保护地相连，将高压开关控制连线连接至外部安全控制盒，将高压单元信号线与测控主机（笔记本电脑）连接，高压侧加压引线与被测电缆连接，最后将高压单元电源线与电源连接。试验接线布置示意图如图 4-12 所示。

放电棒和包含电源急停按钮的外部安全控制盒应尽量布置在测控主机旁边方便触及的地方。高压引线不能过长，一般不大于 7m。为了减小测试过程中的干扰，加压引线和接地线的包络面应尽量小。

接线完成并确认无误后，启动阻尼振荡波局部放电测控主机和测试软件，将电缆参数及中间接头参数准确输入系统。

（2）局部放电校准。采用标准脉冲校准器进行局部放电校准测量。如图 4-13 所示，将局部放电校准仪连线的接线端分别夹在被测电缆的线芯和屏蔽上。局部放电校准仪的输出频率设定为 100Hz，从 20pC～100nC 进行逐挡校准。根据所用 OWTS 测试软件，在测试界面完成校准确认，图 4-14 展示了上海慧东 OWTS 和德国 SebaKMT OWTS 的局部放电校准界面。判断正确的校准波形需要满足以下 3 个要素。

1）原始脉冲和反射波形正确，极性向上的单个脉冲。

2）校准脉冲和背景干扰的信噪比明显。

3）半波速在 85m/μs 左右。

校准完毕后，应注意在高压测试开始时将校准器拆除。

图 4-12　试验接线布置示意图

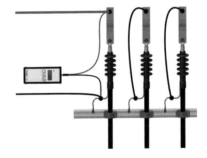

图 4-13　局部放电校准示意图

（3）电缆局部放电测试。振荡波局部放电测试的主要步骤包括以下 5 点。

1）启动高压单元电源。

2）选择被测电缆相位、界面显示模式、量程以及加压模式。

3）输入测试电压，逐级加压并保存有效的测试数据。

4）对被测电缆和高压单元放电并换相测试。

5）三相测试结束，关闭高压单元，将被测电缆接地。

测试过程中应注意以下 6 点。

1）0kV 电压等级下测量环境噪声。

2）分别在 $0.3U_0$、$0.5U_0$、$0.7U_0$、$0.9U_0$、$1.0U_0$、$1.1U_0$、$1.3U_0$、$1.5U_0$、$1.7U_0$、$2U_0$（仅新投运电缆）电压等级下测量局部放电，或是参照相关标准执行。

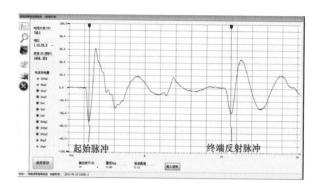

(a)

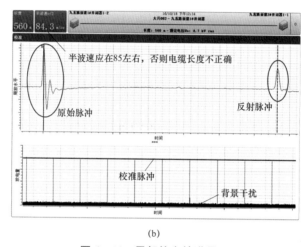

(b)

图4-14 局部放电校准界面

（a）上海慧东 OWTS 的局部放电校准界面；（b）德国 SebaKMT OWTS 的局部放电校准界面

3）电缆缺陷点局部放电随着测试电压的升高而变大，每次测试选择相应的量程。

4）尽量减小环境噪声干扰，如有施工可要求暂停。

5）尽量减小来自地线的干扰如电晕等。

6）为排除高压测试电缆与被测电缆之间的连接接触不良而造成的人为干扰，高压电缆与被测电缆的连接需要严密接触完整。

5. 试验结束

振荡波局部放电试验后应对被测电缆再次进行绝缘电阻测量。进行试验拆线时应首先关闭试验电源并断开电源线，将被测电缆与高压单元充分放电后方可拆除高压测试引线，最后拆除控制线、接地线及放电棒，清理工作现场。

三、数据分析与判断

（一）数据分析

试验数据分析应当综合考虑电缆的基本属性（电缆参数、投运年限）和试验数据（最小校准值、测试背景、局部放电情况等）。确定局部放电波形的主要原则有以下 3 点。

（1）相似性：需要看波形前后细节处。

（2）衰减性：峰值降低，带宽变大。

（3）关注终端和中间接头，选择分析有集中局部放电点的数据。

根据所用 OWTS 测试软件，确认局部放电脉冲波形及其定位，如图 4-15 所示。目前，大部分 OWTS 均可实现波形数据的自动分析，直接给出局部放电的位置及放电量。

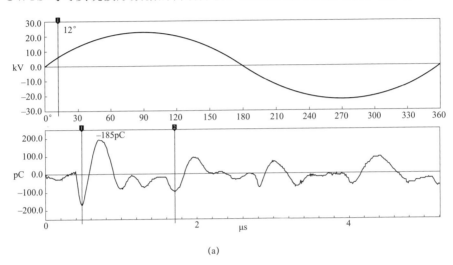

(a)

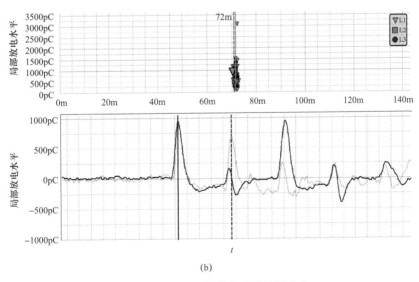

(b)

图 4-15　局部放电脉冲波形定位

（a）上海慧东 OWTS 界面；（b）德国 SebaKMT OWTS 界面

（二）评价判据

配电电缆振荡波局部放电检测结果的评价依据主要参考 DL/T 1576—2016《6kV～35kV 电缆振荡波局部放电测试方法》和 Q/GDW 11838—2018《配电电电缆线路试验规程》。

（1）DL/T 1576—2016《6kV～35kV 电缆振荡波局部放电测试方法》给出了交联聚乙烯绝缘电缆振荡波局部放电检测要求：

1）新投运及投运 1 年以内的电缆线路：最高试验电压 $2U_0$，接头局部放电超过 300pC、本体超过 100pC 应及时进行更换；终端超过 3000pC 时，应进行更换。

2）已投运 1 年以上的电缆线路：最高试验电压 $1.7U_0$，接头局部放电超过 500pC、本体超过 100pC 应及时进行更换；终端超过 5000pC 时，应及时进行更换。

对于存在局部放电的电缆线路，根据电缆不同部件及水平，建议参考表 4-1 中的判据开展电缆维护工作。

表 4-1　　　　DL/T 1576—2016 规定的典型 XLPE 电缆参考临界局部放电量

电缆及其附件类型	投运年限	参考临界值（pC）
电缆本体	—	100
接头	1 年以内	300
	1 年以上	500
终端	1 年以内	3000
	1 年以上	5000

（2）Q/GDW 11838—2018《配电电电缆线路试验规程》在行业标准的基础上，根据多个网省公司在开展大量配电缆振荡波局部放电试验后总结的经验，对试验要求及判据进行了优化细化。首次将局部放电检测纳入诊断性试验，并规定标准发布之后新建线路投运 5 年内应结合停电检修计划开展；已投运的线路，应结合电缆线路重要程度、负荷情况及保供电要求合理开展诊断试验。按照试验类型，标准中给出了交联聚乙烯绝缘电缆振荡波局部放电检测要求。对于交接试验中的局部放电检测，振荡波试验电压应满足：

1）波形连续 8 个周期内的电压峰值衰减不应大于 50%。

2）频率应介于 20～500Hz。

3）波形为连续两个半波峰值呈指数规律衰减的近似正弦波。

4）在整个试验过程中，试验电压的测量值应保持在规定电压值的 ±3% 以内。

检测结果应满足表 4-2 的规定。

表 4-2　　　　Q/GDW 11838—2018 规定的交接试验中局部放电检测要求

电压形式		最高试验电压 激励次数	试验要求	
全新电缆	非全新电缆		新投运电缆部分	非新投运电缆部分
$2.0U_0$	$1.7U_0$	不低于 5 次	起始局部放电电压不低于 $1.2U_0$；本体局部放电检出值不大于 100pC；接头局部放电检出值不大于 200pC；终端局部放电检出值不大于 2000pC	本体局部放电检出值不大于 100pC；接头局部放电检出值不大于 300pC；终端局部放电检出值不大于 3000pC

诊断性试验中采用振荡波电压进行局部放电检测试验的要求如表 4-3 所示。

表 4-3　　　　　　Q/GDW 11838—2018 规定的诊断性试验局部放电检测要求

电压要求	评价对象	投运年限	检出局部放电量	评价结论
振荡波局部放电检测最高试验电压 1.7U_0	本体	—	无可检出局部放电	正常
			<100pC	关注
			≥100pC	异常
	接头	5 年及以内	无可检出局部放电	正常
			<300pC	关注
			≥300pC	异常
		5 年以上	无可检出局部放电	正常
			<500pC	关注
			≥500pC	异常
	终端	5 年及以内	无可检出局部放电	正常
			<3000pC	关注
			≥3000pC	异常
		5 年以上	无可检出局部放电	正常
			<5000pC	关注
			≥5000pC	异常

（3）保供电等特殊条件下的评价依据。当对电缆网供电可靠性有更高要求时，可根据实际电网情况，适当提高评价标准，采取差异化的状态评价依据。表 4-4 给出了 2016 年杭州 G20 峰会保供电期间采取的配电电缆振荡波局部放电评价依据。

表 4-4　　　杭州 G20 峰会保供电期间采取的配电电缆振荡波局部放电评价依据

电缆及其附件类型	放电参考值	投运年限	评价状态	运维建议
电缆本体	100pC 以上	—	超标	更换线路
接头	300pC 以上	1 年以内	超标	更换接头
	500pC 以上	1~5 年	超标	更换接头
	200pC 以上	5 年以上	超标	更换接头
	有明显可检出放电，尚不满足超标判据	1~5 年	异常	结合电缆线路运行环境，有条件可更换接头
		1 年以下或 5 年以上		建议更换接头
	未检出明显高于背景噪声的疑似放电信号	—	正常	无
终端	终端放电量大于 3000pC	1 年以内	超标	修复或更换终端
	终端放电量大于 5000pC	1~5 年	超标	更换终端
	终端放电量大于 3000pC	5~10 年	超标	更换终端

电缆及其附件类型	放电参考值	投运年限	评价状态	运维建议
终端	终端放电量大于2000pC	10年以上	超标	更换终端
	（1）终端放电量大于1000pC； （2）尚不满足超标判据	2～5年	异常	修复终端或开展带电检测
		5～10年		结合线路运行环境，有条件可修复或更换
		2年以下或10年以上		建议修复或更换终端
	终端放电量小于1000pC	—	正常	修复终端或开展带电检测
	未检出明显高于背景噪声的疑似放电信号	—	正常	无

依据上述标准对杭州 G20 峰会保供电期间涉及的 121 户重要用户共 322 回配电电缆线路进行了状态检测及评价，共计开展 422 回次阻尼振荡波局部放电试验，成功定位各类电缆线路缺陷 182 起，对 70 回存在较为严重缺陷的电缆进行了修复或更换，及时准确的消缺工作有效降低了在运电缆的故障率，提升了电缆网的运行可靠性。

通过对现有大量的 10kV XLPE 电缆振荡波局部放电试验数据进行统计分析，在新敷设电缆附件制作工艺缺陷方面，总结了一些引起电缆局部放电的典型缺陷与放电特征的对应关系，可作为现场试验的参考经验。

1）绝缘中或绝缘层与半导电层界面处的气隙缺陷，包括绝缘层的刀痕、磨损或裂缝，在 $2U_0$ 以下放电量通常小于 100pC。

2）电缆与接头连接处的空腔缺陷，存在 3 个阶段：早期放电量和重复率都比较小；随着电痕的发展，放电量和重复率都增加；在最终失效前，放电量减小，放电重复率增加。

3）高阻的绝缘屏蔽或中性线破损缺陷，通常放电量在几百到几千 pC，但很少导致电缆击穿。

四、案例

（一）案例 1 10kV 电缆中间接头进水缺陷

【电缆型号】YJV22 – 8.7/10 – 3×300

【线路长度】1359m

【终端类型】测试端（T 型终端）、对端（冷缩户内终端）

【敷设方式】管沟

【投运年限】2 年

【检测及诊断过程】

对该 10kV 电缆线路开展阻尼振荡波局部放电检测试验，分别对 A、B、C 三相进行逐级升压，进行离线振荡波电压下的局部放电检测，其中 B 相检出疑似局部放电信号，其检测典型数据谱图如图 4 – 16 所示。

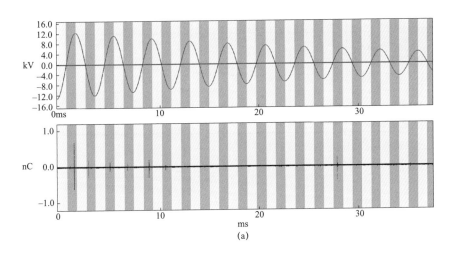

(a)

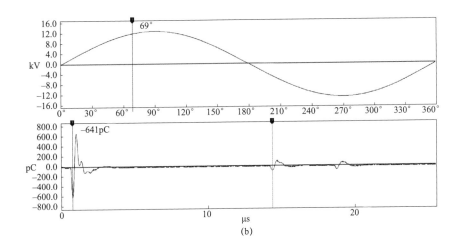

(b)

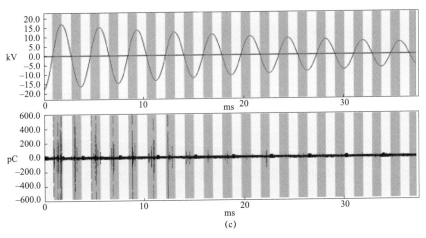

(c)

图 4-16 振荡波局部放电检测典型数据谱图（一）

（a）$1.1U_0$ 下 B 相放电谱图；（b）$1.1U_0$ 下 B 相放电相位及定位谱图；（c）$1.5U_0$ 下 B 相放电谱图

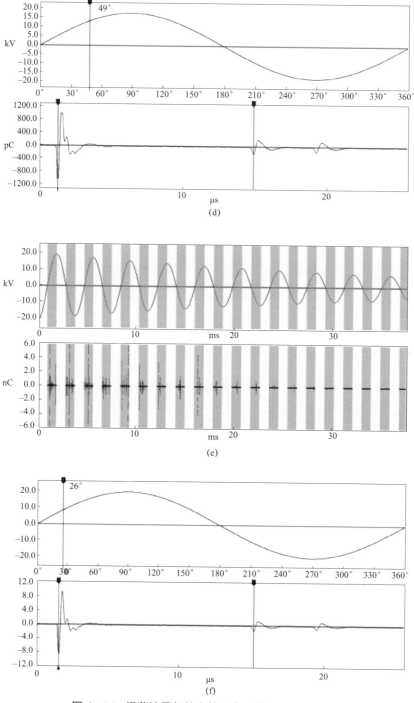

图 4-16 振荡波局部放电检测典型数据谱图（二）

（d）$1.5U_0$ 下 B 相放电相位及定位谱图；（e）$1.7U_0$ 下 B 相放电谱图；（f）$1.7U_0$ 下 B 相放电相位及定位谱图

  试验过程中，B 相在 $1.1U_0$ 下开始检测到疑似局部放电信号，即起始放电电压为 13.5kV（峰值），放电幅值最大为 716pC，在 $1.7U_0$ 下放电量达到最大，放电幅值最大为 12 075pC，定位于距离测试端 381m 中间接头处。B 相局部放电源定位图如图 4-17 所示。

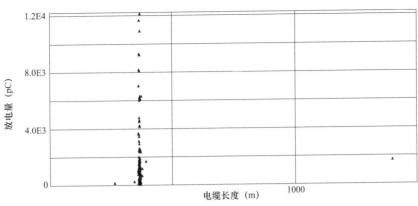

图 4-17 B 相局部放电源定位图

对放电谱图进行分析发现：放电主要集中在 0°～90°、180°～270°，其中在 30°～40°、220°～230°放电量最大，正负半周放电密度明显不对称，正半周放电幅值大于负半周，最大放电量也大于负半周。B 相 Q-φ 谱图如图 4-18 所示。

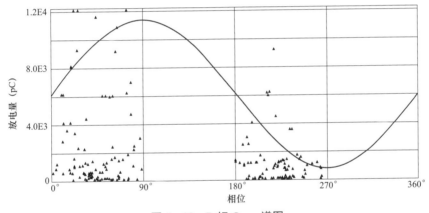

图 4-18 B 相 Q-φ 谱图

经解剖距离测试端 381m 的中间接头发现，绕包阻水铠装带内有严重进水，接头冷缩应力件内有轻微进水后放电痕迹（见图 4-19）。

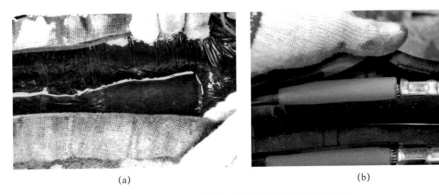

(a)   (b)

图 4-19 电缆中间接头进水缺陷解剖图

（a）绕包阻水铠装带内进水；（b）放电痕迹

（二）案例 2　10kV 电缆热缩式终端复合界面混合缺陷

【电缆型号】YJV22 – 8.7/10 – 3×300

【线路长度】413m

【终端类型】测试端（热缩户内终端）、对端（冷缩户内终端）

【敷设方式】管沟

【投运年限】15 年

【检测及诊断过程】

对该 10kV 电缆线路开展阻尼振荡波局部放电检测试验，分别对 A、B、C 三相进行逐级升压，进行离线振荡波电压下的局部放电检测，三相均检出疑似局部放电信号，其检测典型数据谱图如图 4 – 20 所示。

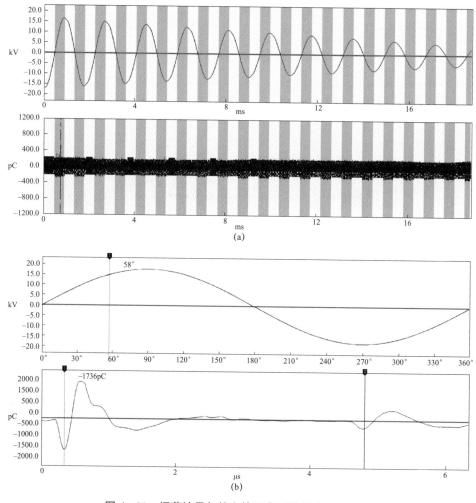

图 4 – 20　振荡波局部放电检测典型数据谱图（一）

（a）1.5U_0 下 A 相放电谱图；（b）1.5U_0 下 A 相放电相位及定位谱图；

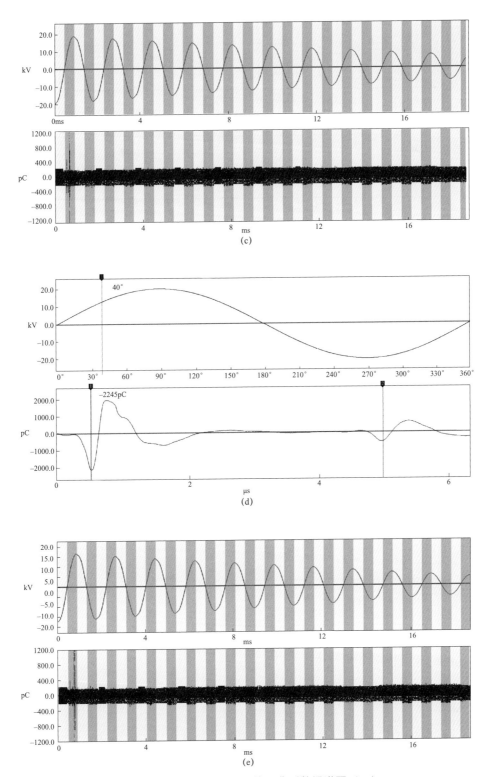

图 4-20 振荡波局部放电检测典型数据谱图（二）

（c）1.7U_0 下 A 相放电谱图；（d）1.7U_0 下 A 相放电相位及定位谱图；（e）1.5U_0 下 B 相放电谱图；

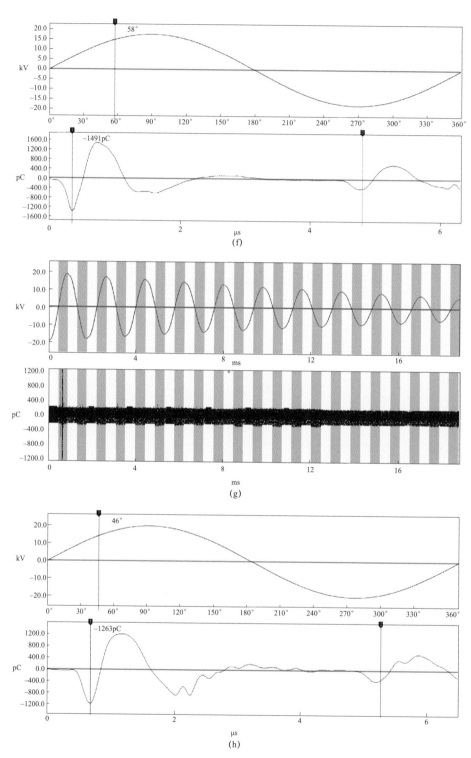

图 4-20 振荡波局部放电检测典型数据谱图（三）

（f）1.5U_0下 B 相放电相位及定位谱图；（g）1.7U_0下 B 相放电谱图；（h）1.7U_0下 B 相放电相位及定位谱图；

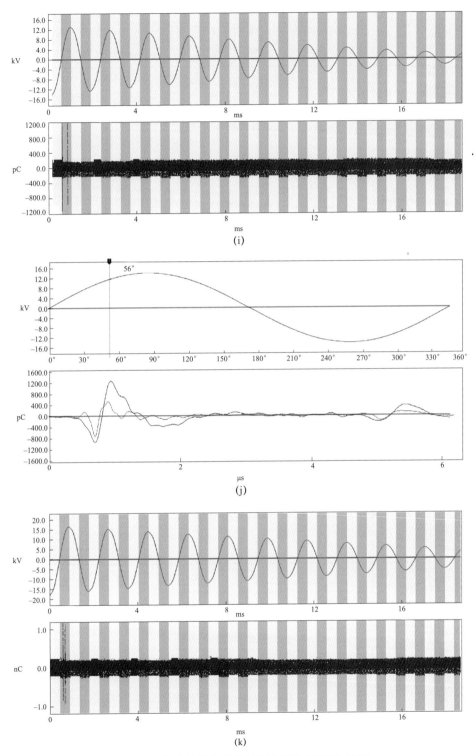

图 4-20　振荡波局部放电检测典型数据谱图（四）

（i）1.2U_0下 C 相放电谱图；（j）1.2U_0下 C 相放电相位及定位谱图；（k）1.5U_0下 C 相放电谱图；

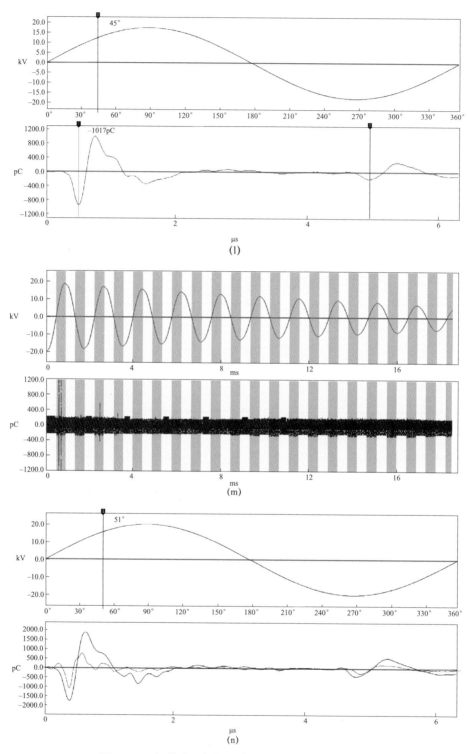

图 4-20　振荡波局部放电检测典型数据谱图（五）

（l）1.5U_0下 C 相放电相位及定位谱图；（m）1.7U_0下 C 相放电谱图；（n）1.7U_0下 C 相放电相位及定位谱图

试验过程中，A、B 两相均在 $1.5U_0$ 下开始检测到局部放电信号，即起始放电电压为 18.5kV（峰值），A、B 两相放电幅值最大分别为 2052pC、1929pC，均在 $1.7U_0$ 下放电量达到最大，放电幅值最大均为 2245pC；C 相在 $1.2U_0$ 下开始检测到局部放电信号，即起始放电电压为 14.8kV，放电幅值最大为 2210pC，在 $1.7U_0$ 下放电量达到最大，放电幅值最大均为 2122pC；三相放电源均定位于测试站电缆终端处。局部放电源定位图如图 4−21 所示。

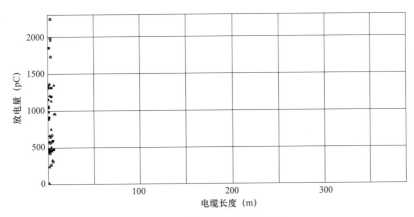

图 4−21　局部放电源定位图

对放电谱图进行分析发现，三相放电均集中在 $10°\sim80°$，处于第一象限，而 $90°\sim360°$ 相位下没有发现放电信号。三相 Q−φ 谱图如图 4−22 所示。

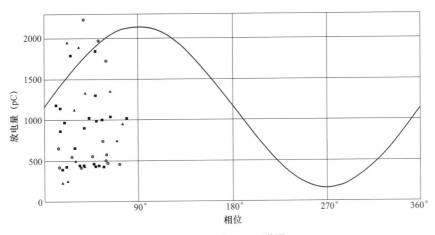

图 4−22　三相 Q−φ 谱图

经解剖测试端电缆终端发现，该终端为热缩式终端，运行年限较长，采用老式剥削工艺处理外屏蔽层，半导电屏蔽层剥削断口参差不齐，绝缘表面极度不平滑，应力管及主绝缘有明显老化裂痕与褶皱，应力管内主绝缘处有明显划伤，安装工艺极差。终端现场解剖如图 4−23、图 4−24 所示。

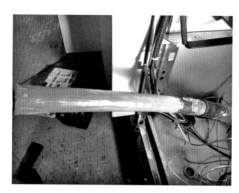

图 4-23　终端内绝缘及半导电断口情况

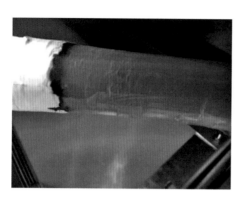

图 4-24　终端内绝缘老化裂痕及应力管内部褶皱

（三）案例 3　10kV 电缆预制式终端老化缺陷

【电缆型号】YJV22-8.7/10-3×300

【线路长度】386m

【终端类型】测试端（预制式终端）、对端（T 型终端）

【敷设方式】管沟

【投运年限】10 年

【检测及诊断过程】

对该 10kV 电缆线路开展阻尼振荡波局部放电检测试验，分别对 A、B、C 三相进行逐级升压，进行离线振荡波电压下的局部放电检测，A、B 相检出疑似局部放电信号，其检测典型数据谱图如图 4-25 所示。

试验过程中，A、B 两相均在 $0.5U_0$ 下开始检测到局部放电信号，即起始放电电压为 6.2kV（峰值）；A 相在 $0.5U_0$ 下放电幅值最大为 11 458pC，由于放电量较大，未继续升压，B 相在 $0.5U_0$ 下放电幅值最大为 5241pC，在 $1.0U_0$ 下放电量达到最大，放电幅值最大为 20 163pC；A、B 两相放电源均定位于测试端终端处（见图 4-26）。

由于 A 相采集数据较少，放电相位特征不明显，不做分析。对 B 相放电谱图进行分析发现：B 相放电在正负半周密度较为接近，主要集中在 0°～80°、180°～260°，其中在 20°～40°、180°～200° 放电量最大。三相 Q-φ 谱图如图 4-27 所示。

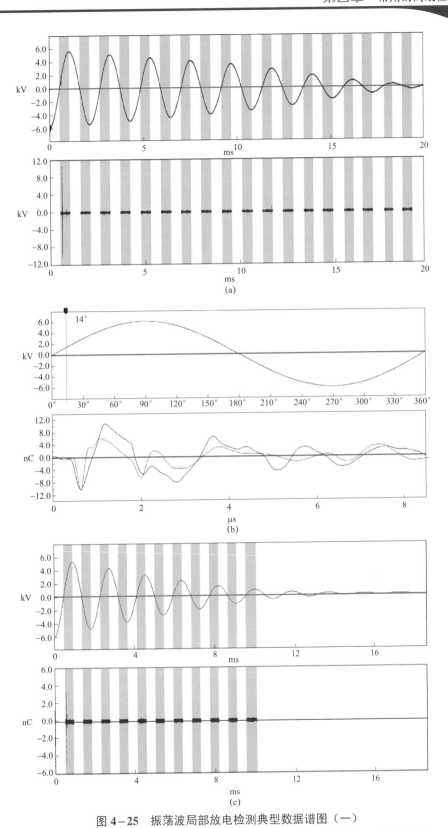

图 4－25 振荡波局部放电检测典型数据谱图（一）

（a）0.5U_0 下 A 相放电谱图；（b）0.5U_0 下 A 相放电相位及定位谱图；（c）0.5U_0 下 B 相放电谱图；

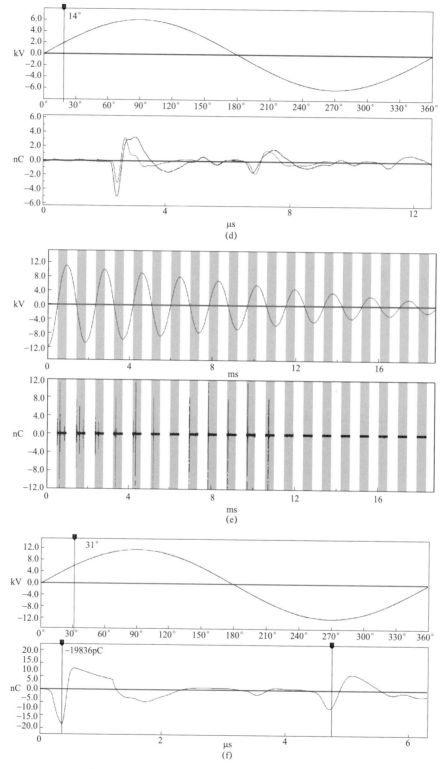

图 4-25　振荡波局部放电检测典型数据谱图（二）

（d）0.5U_0 下 B 相放电相位及定位谱图；（e）1.0U_0 下 B 相放电谱图；（f）1.0U_0 下 B 相放电相位及定位谱图

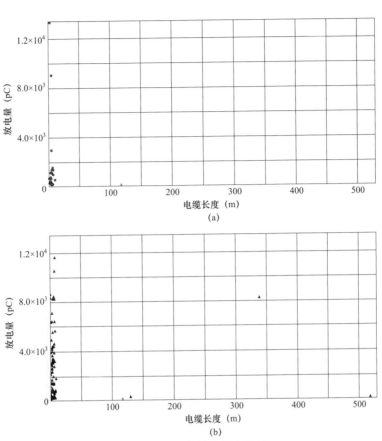

图 4－26 局部放电源定位图
（a）A 相；（b）B 相

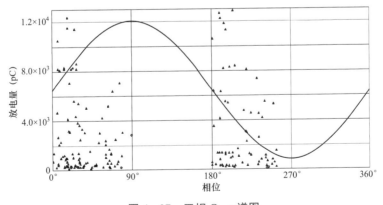

图 4－27 三相 Q－φ 谱图

经解剖测试端终端发现：该终端运行年限较长，为预制式终端，预制件老化严重，应力锥处有明显的老化开裂及放电痕迹（见图 4－28）。

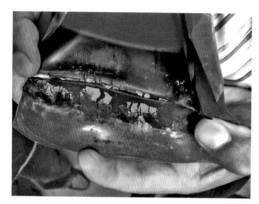

图4-28 预制终端内部应力材料老化开裂

(四)案例4 10kV电缆冷缩式终端应力管握紧力不足缺陷

【线路型号】YJV22-8.7/10-3×300

【线路长度】485m

【终端类型】测试端(冷缩户内终端)、对端(T型终端)

【敷设方式】管沟

【投运年限】1年

【检测及诊断过程】

对该10kV电缆线路开展阻尼振荡波局部放电检测试验,分别对A、B、C三相进行逐级升压,进行离线振荡波电压下的局部放电检测,A、C相检出疑似局部放电信号,其检测典型数据谱图如图4-29所示。

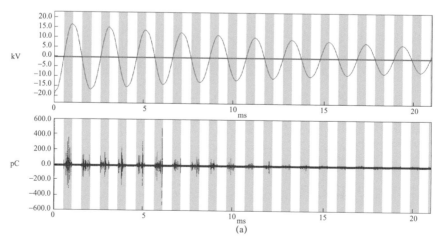

图4-29 振荡波局部放电检测典型数据谱图(一)

(a)1.5U_0下A相放电谱图;

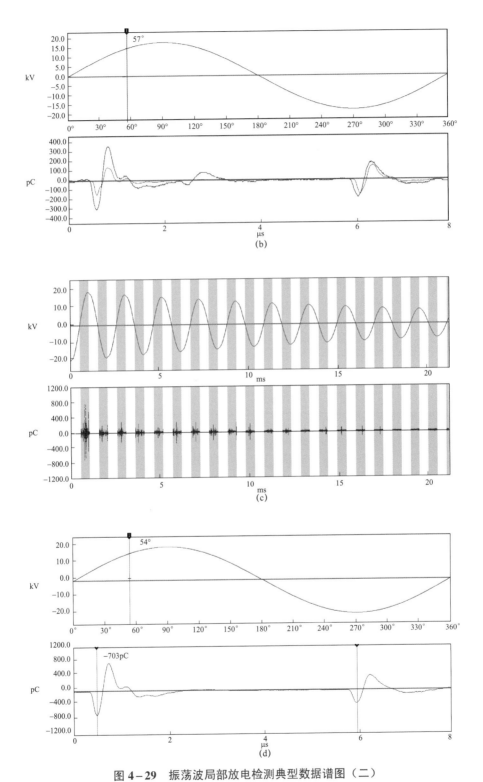

图 4-29 振荡波局部放电检测典型数据谱图（二）

（b）$1.5U_0$ 下 A 相放电相位及定位谱图；（c）$1.7U_0$ 下 A 相放电谱图；（d）$1.7U_0$ 下 A 相放电相位及定位谱图；

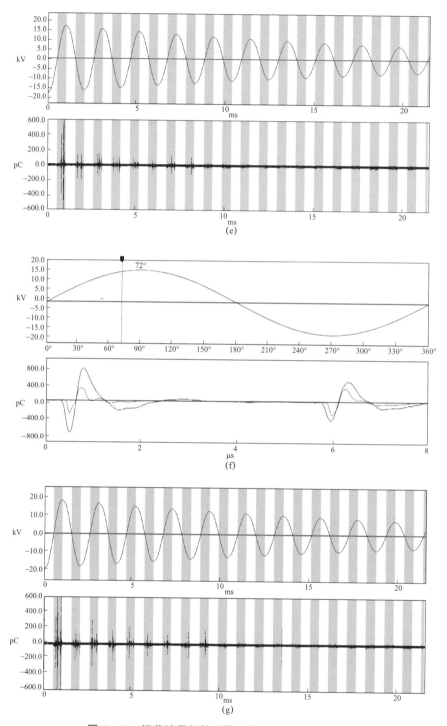

图 4-29　振荡波局部放电检测典型数据谱图（三）

（e）$1.5U_0$ 下 C 相放电谱图；（f）$1.5U_0$ 下 C 相放电相位及定位谱图；（g）$1.7U_0$ 下 C 相放电谱图；

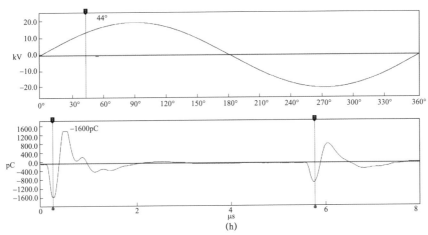

图 4-29　振荡波局部放电检测典型数据谱图（四）
（h）$1.7U_0$ 下 C 相放电相位及定位谱图

　　试验过程中，A、C 两相均在 $1.5U_0$ 下开始检测到局部放电信号，即起始放电电压为 18.5kV（峰值），A、C 两相放电幅值最大分别为 562pC、1587pC，均在 $1.7U_0$ 下放电量达到最大，放电幅值最大分别为 827pC、1600pC；A、C 两相放电源均定位于测试端终端处（见图 4-30）。B 相未检测到局部放电信号。

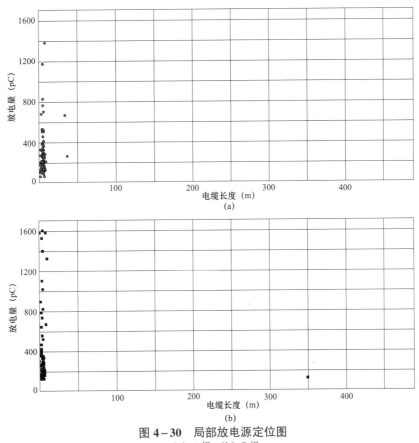

图 4-30　局部放电源定位图
（a）A 相；（b）C 相

对放电谱图进行分析发现：A 相放电主要集中在 0°～90°、180°～270°，其中在 30°～80°、220°～230° 放电量最大，正负半周放电密度明显不对称，正半周放电密度、幅值都大于负半周，最大放电量也大于负半周；C 相放电主要集中在 10°～90°、200°～270°，其中在 40°～60°、80°～90° 放电量最大，正负半周放电密度明显不对称，正半周放电密度、幅值都远大于负半周，最大放电量也远大于负半周。Q–φ谱图如图 4–31 所示。

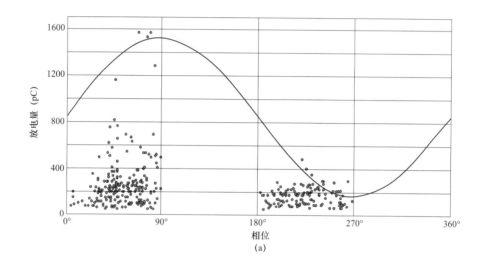

(a)

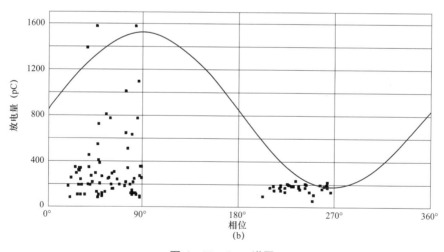

(b)

图 4–31 Q–φ谱图
（a）A 相；（b）C 相

经分析发现：测试端终端为冷缩式终端，冷缩式应力管握紧力不足，均匀电场作用不佳，采用 23 号绝缘带绕包缠绕增加握紧力后重新开展振荡波试验，未检测到异常放电信号。测试端终端情况如图 4–32 所示。

图 4-32　应力管绕包修复强化握紧力前后比对

（五）案例 5　10kV 电缆 T 型终端主绝缘未打磨缺陷

【电缆型号】YJV22-8.7/10-3×300

【线路长度】1833m

【终端类型】测试端（T 型终端）、对端（T 型终端）

【敷设方式】管沟

【投运年限】5 年

【检测及诊断过程】

对该 10kV 电缆线路开展阻尼振荡波局部放电检测试验，分别对 A、B、C 三相进行逐级升压，进行离线振荡波电压下的局部放电检测，其中 A、C 两相检出疑似局部放电信号，其检测典型数据谱图如图 4-33 所示。

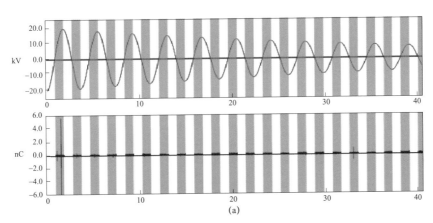

图 4-33　振荡波局部放电检测典型数据谱图（一）

（a）1.7U_0 下 A 相放电谱图；

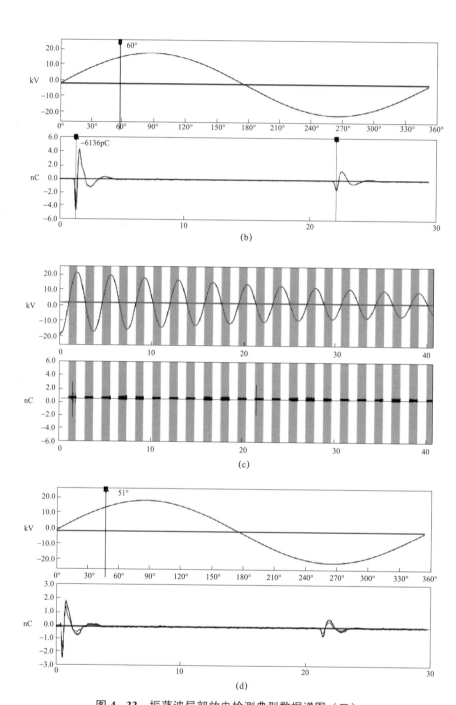

图 4-33 振荡波局部放电检测典型数据谱图（二）

（b）1.7U_0下 A 相放电相位及定位谱图；（c）1.7U_0下 C 相放电谱图；
（d）1.7U_0下 C 相放电相位及定位谱图

试验过程中，A、C 两相均在 $1.7U_0$ 下开始检测到局部放电信号，即起始放电电压为 20.9kV，A、C 两相放电幅值最大分别为 6136pC、3106pC，两相放电源均定位于测试端电缆终端处（见图 4-34）。

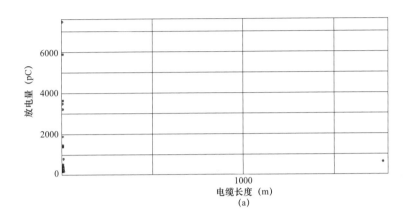

(a)

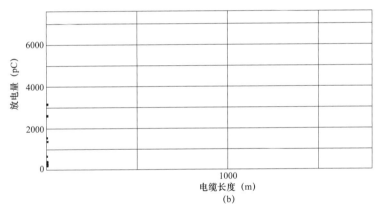

(b)

图 4-34　局部放电源定位图

（a）A 相；（b）C 相

对放电谱图进行分析发现：A 相放电主要集中在 10°～90°、190°～270°，其中在 10°～90° 的放电次数明显多于 190°～270°，正负半周放电密度明显不对称，正半周放电密度、幅值均大于负半周，最大放电量也大于负半周；C 相放电主要集中在 10°～90°、180°～200°、230°～240°，其中在 50°～70° 放电次数最多，正负半周放电密度明显不对称，正半周放电密度、幅值均大于负半周。Q-φ 谱图如图 4-35 所示。

经解剖测试站电缆终端发现，该终端内主绝缘未打磨光滑，表面粗糙。测试站终端现场解剖情况如图 4-36 所示。

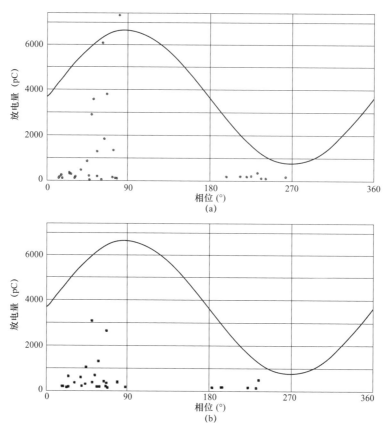

图 4-35　Q-φ 谱图

（a）A 相；（b）C 相

图 4-36　终端内电缆主绝缘未打磨缺陷

（六）案例 6　10kV 电缆 T 型终端主绝缘划伤缺陷

【电缆型号】YJV22 – 8.7/10 – 3×300

【线路长度】510m

【终端类型】测试端（T 型终端）、对端（T 型终端）

【敷设方式】管沟

【投运年限】2 年

【检测及诊断过程】

对该 10kV 电缆线路开展阻尼振荡波局部放电检测试验，分别对 A、B、C 三相进行逐级升压，进行离线振荡波电压下的局部放电检测，其中 B 相检出疑似局部放电信号，其检测典型数据谱图如图 4–37 所示。

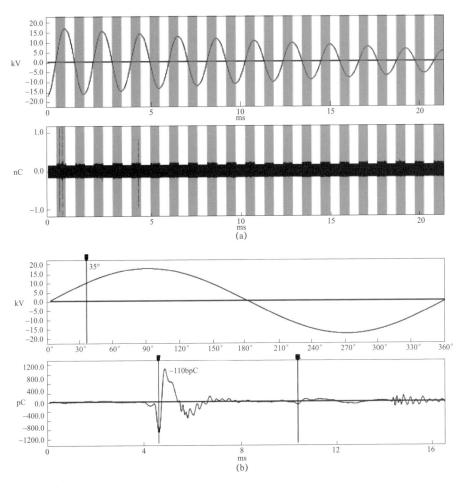

图 4–37　振荡波局部放电检测典型数据谱图（一）

（a）$1.5U_0$ 下 B 相放电谱图；（b）$1.5U_0$ 下 B 相放电相位及定位谱图；

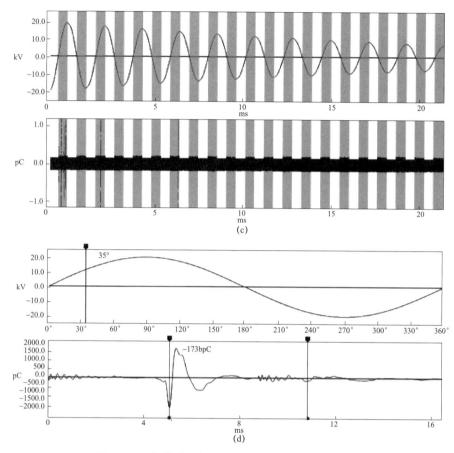

图 4-37　振荡波局部放电检测典型数据谱图（二）

（c）$1.7U_0$ 下 B 相放电谱图；（d）$1.7U_0$ 下 B 相放电相位及定位谱图

试验过程中，B 相在 $1.5U_0$ 下开始检测到局部放电信号，即起始放电电压为 18.5kV（峰值），B 相放电幅值为 1485pC，在 $1.7U_0$ 下放电量达到最大，放电幅值最大分别为 1882pC；放电源定位于测试对端站终端处（见图 4-38）。

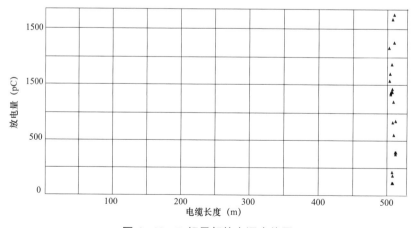

图 4-38　B 相局部放电源定位图

经解剖测试对端站电缆终端发现，该终端内主绝缘表面有明显划伤。测试对端站终端现场解剖情况如图 4-39 所示。

图 4-39 终端内电缆主绝缘划伤缺陷

（七）案例 7 10kV 电缆中间接头绝缘划痕缺陷

【电缆型号】YJV22-3×300

【线路长度】1022m

【终端类型】冷缩户内终端

【敷设方式】管沟

【投运年限】3 年

【检测及诊断过程】

利用脉冲反射仪测出电缆长度为 1022m，接头数是 1，位于距离测试端 477m 处。对测试数据分析时发现该电缆在 $1.4U_0$ 时放电量达到 425pC 左右，定位发现放电缺陷位于距测试端 477m 处 C 相中间接头。测试结果情况见表 4-5。

表 4-5　　　　　　　现 场 测 试 结 果

被试电缆相别	A 相	B 相	C 相
背景噪声（pC）	64	70	70
$1.0U_0$ 局部放电量（pC）	68	71	134
$1.4U_0$ 局部放电量（pC）	75	71	425
中间接头放电情况	不明显	不明显	存在
本体放电情况	不明显	不明显	不明显
终端位置放电情况	不明显	不明显	不明显

经过解体分析，发现该电缆 C 相中间接头绝缘层有两道明显的划痕，长度约为 117mm，是造成局部放电的原因，如图 4-40 所示。

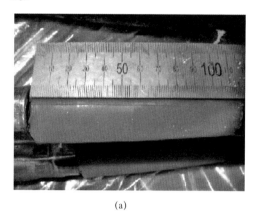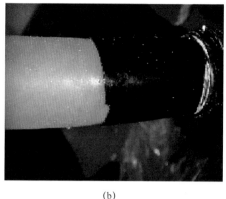

（a）   （b）

图 4-40 中间接头解体情况

（a）中间接头绝缘层划痕；（b）绝缘屏蔽层剥削不整齐，有突起

更换电缆中间接头后，再次进行振荡波局部放电测试，三相均未检测到局部放电现象。

第二节　超低频介质损耗测量

一、技术概述

（一）技术原理

电缆的介质损耗主要是由绝缘材料在电场作用下产生介质电导和介质极化的滞后效应，在其内部引起的能量损耗，叫介质损耗（tanδ）。在电缆的全寿命周期内，电缆必须经受热的、电气的、机械的和恶劣环境的种种考验，长期以来绝缘特性会逐步降低。介质损耗能反映出电缆绝缘的一系列缺陷，包括电缆受潮、接头老化、水树发展程度以及局部放电等。这是由于当这些缺陷产生时，流过绝缘体的电流中有功分量增大，介质损耗也增大。介质损耗不但会使绝缘的温度升高，加速绝缘介质老化，而且当温度升高到一定程度后会引起绝缘发生热击穿而失效。

配电网中广泛使用的交联电缆在超低频下测量介质损耗值相对工频电压被证明能够表现与水树老化更好的关联性。影响介质损耗变大的最主要因素是绝缘层里的水树枝，特别是电缆投运的早期和中期，尚未出现明显的绝缘老化。水分的入侵主要是通过附着在电缆接头上，慢慢渗入电缆，形成水树枝。或是自电缆外护套破损后，潮气由外而内，慢慢进入内护套乃至绝缘层，导致水树枝不断生长。此外，在户外终端杆上的电缆，可能由于雨水或潮气的侵入，沿着电缆芯线进入绝缘层内，慢慢形成水树枝。

在潮湿的介质中，在电场强度比较低的条件下，经过电场的长时期作用，绝缘层里会产生树枝，树枝扩展过程中观测不到放电。水树枝产生后会缓慢地生长和壮大，一般为6～15年。而水树枝转换为电树枝后，电缆将可能在几周到几个月内击穿，对电缆运行的可靠性是一个致命的打击。对于 XLPE 电缆来说，水树枝是最重要的加速老化特征，因此，通过介质损耗测量来判断在运电缆是否存在进水或者水树枝劣化，进而对电缆的整体老化、受潮状态进行评估是非常有必要的。大型水树枝在加压下发展为电树枝的过程如图 4－41 所示。

超低频介质损耗测量技术是在超低频正弦电压激励下测量电缆的整体介质损耗水平来评估电缆绝缘状态的一种检测技术。

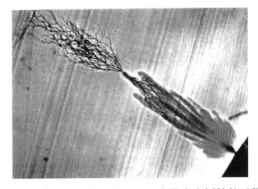

图 4－41　大型水树枝在加压下发展为电树枝的过程

目前，国内外针对超低频 $\tan\delta$ 测量判断电缆线路的缺陷状况做了大量试验与研究，获得了以下主要结论。

（1）同一电压下，随着测量次数的增加，$\tan\delta$ 值发生下降的现象，甚至随着测试电压的增加，$\tan\delta$ 值发生下降的现象，则可认为电缆的中间接头轻微受潮，$\tan\delta$ 值下降是由于在加压过程中水分受热蒸发，导致电缆接头绝缘恢复。

（2）对于运行中的电缆，若其超低频 $\tan\delta$ 值严重偏离正常值，通常为电缆接头有大量水分浸入的缘故。

（3）当被测电缆接头或电缆终端里没有水时，这些电缆附件将不影响 $\tan\delta$ 值读数。接头的安装工艺错误等人为缺陷导致的局部放电轻微时，此类缺陷无法通过测量 $\tan\delta$ 值发现。

因此，通过获取"$\tan\delta$ 平均值（VLF－TD）""$\tan\delta$ 随时间稳定性（VLF－TD Stability）""$\tan\delta$ 变化率（VLF－DTD）"三个指标来评价一条 XLPE 电缆线路的整体劣化状况，包括电缆本体的整体老化水平以及电缆本体、终端或接头是否存在浸水的情况。

在电缆本体出现水树枝等绝缘老化以及中间接头、终端等电缆附件出现轻微进水、受潮等阶段，若未出现放电性缺陷，绝缘电阻测量、局部放电检测等手段均未显示异常时，可通过测量电缆介质损耗来反映电缆绝缘的整体状态，诊断附件是否存在潮湿进水，以便及时帮助运行人员及时发现一些潜在的早期缺陷。在电缆绝缘电阻下降、出现局部放电等明显缺陷特征时，也可通过介质损耗测量来辅助诊断电缆的绝缘状态。

（二）测试系统组成

根据数据采样在高压侧还是低压侧的不同，超低频介质损耗测试系统主要有以高压侧采样为代表的德国 SebaKMT 公司和以低压侧采样为代表的奥地利 Baur 公司的产品。德国 SebaKMT 公司超低频介质损耗测试系统主要由如图 4－42 所示的含高压源的测试主机、高压测量单元 MDU、计算机及测量软件等部分以及特制柔性连接电缆组成。含高压源的测试主机主要提供超低频正弦电压的发生器。高压测量单元 MDU 串联在高压输出线高压电极，主要用于采集阻性电流和容性电流、绝缘电阻、电缆容量等数据。设备测量精度一般不低于 1×10^{-4}，分辨率不应低于 1×10^{-5}。TCU 终端补偿单元是用来测量准确的泄漏电流的，连接在被测电缆的另一只电缆终端头的伞裙最下缘，TCU 泄漏电流终端模块通过一条光纤与 MDU 介质损耗测量模块相连。计算机及测量软件主要进行数据处理及优化，给出评价结果。三脚架用于支撑 MDU 及保持 MDU 对地绝缘。图 4-43 展示了超低频介质损耗测试系统连接示意图。

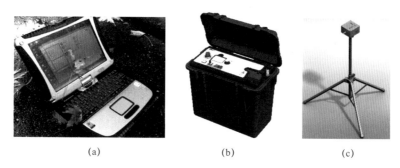

图 4-42　德国 SebaKMT 公司超低频介质损耗测试系统组成
（a）计算机及测量软件；（b）含高压源的测试主机；（c）高压测量单元 MDU

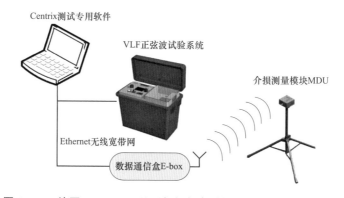

图 4-43　德国 SebaKMT 公司超低频介质损耗测试系统连接示意图

二、检测方法与要求

1. 试验前准备

超低频介质损耗测量试验对环境、电源和接地条件的要求与局部放电试验基本相同。试验前同样需要进行电缆预处理、绝缘电阻测试和电缆参数测量。特别需要注意的是被测电缆的远端三相应当悬空，清除终端表面的污秽，三相分开并保持足够的安全距离，非试验相保持接地。

2. 试验接线

德国 SebaKMT 公司超低频介质损耗测量试验接线示意图如图 4-44 所示。将含高压源的测试主机与高压测量单元 MDU（MDU 放在三脚架上）通过高压输出线连接，MDU 输出端口接红色高压测量线，高压测量线另一端接电缆的 A 相，测试完成后依次放电换 B、C 相。确认测试主机及三脚架的保护接地接好。试验时电缆金属屏蔽层和铠装应采用单点接地，高压输出线工作地接电缆屏蔽层地线。

必要时可通过接入 TCU 以彻底屏蔽和剔除电缆终端泄漏电流和电晕对测量结果的影响，以确保获得较高的介质损耗测量准确度，精确测得新电缆等介质损耗水平非常小的电缆介质损耗值（见图 4-45）。

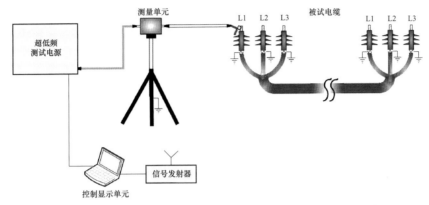

图 4-44 德国 SebaKMT 公司超低频介质损耗测量试验接线示意图

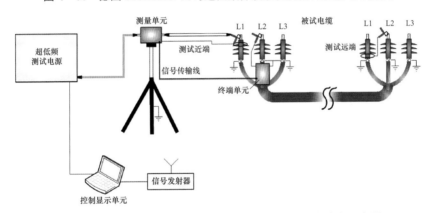

图 4-45 德国 SebaKMT 超低频介质损耗测量试验接线示意图
（屏蔽含有污秽的电缆终端）

奥地利 Baur 超低频介质损耗测量试验接线示意图如图 4-46 所示。

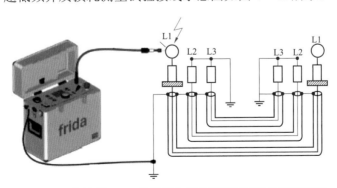

图 4-46 奥地利 Baur 超低频介质损耗测量试验接线示意图

3. 参数设置

测试前在测试主机上设置电缆名称、长度、电缆绝缘类型、敷设方式等信息。

4. 加压测试

（1）常规测试模式。合上电源，对被测电缆进行加压。测量应不少于 3 个测量电压，宜在 $0.5U_0$、U_0、$1.5U_0$ 电压下分别测量被试相电缆的介质损耗因数。试验时，电压应按如图 4-47 所示，以 $0.5U_0$ 的步进值从 $0.5U_0$ 开始升高至 $1.5U_0$，在每一个步进电压下应完成不少于 5 次介质损耗因数测量，每两次测量之间应间隔 10s。系统一般会按照程序自动完成 $0.5U_0$、U_0 和 $1.5U_0$ 升压和介质损耗测试，测量软件界面将自动实时展示电压、介质损耗等数据（见图 4-48）。

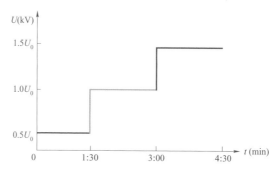

图 4-47　超低频介质损耗检测加压程序

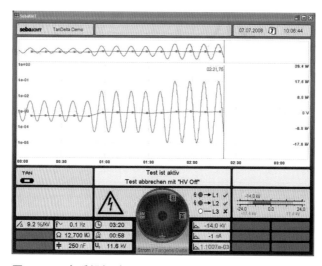

图 4-48　介质损耗随测试电压的变化趋势（加压过程中）

相关研究表明水树老化电缆 0.1Hz 下 $\tan\delta$ 值随电缆短接放电时间增加的变化规律，随着电缆短接放电时间的增大，$\tan\delta$ 值也逐渐增大。因此在测试超低频 $\tan\delta$ 的过程中，应该严格按照统一的测试程序进行。

第一相测试结束后，将电压降至 0，对被试相电缆进行充分放电，安全确认之后，更换另一相电缆进行测试，重复以上操作，依次完成其余相电缆的测试。

测试完成后，试验数据经过设备自动处理，得到三个电压下相关介质损耗数据以及测试曲线。

（2）耐压介质损耗同步测试。当在常规模式下试验发现电缆介质损耗超标，也可选择进行耐压介质损耗同步测试，来判别电缆是否存在局部较为严重的缺陷。

此外，需要采用超低频正弦波激励开展耐压试验时，可同步开展介质损耗测量。或在测试设备具备相应功能的条件下，开展超低频耐压、介质损耗、局部放电三合一测试试验，但需谨慎评估超低频正弦波电压下局部放电检测的有效性。

5. 试验结束

测试结束后对设备和电缆进行放电和验电，并对电缆再次进行绝缘电阻测试后，还原电缆运行接线状态。

三、数据分析与判断

（一）数据分析

通过测试软件自动绘制成如图 4 - 49 所示的三条曲线，分别对应 A、B、C 三相。趋势曲线可反映介质损耗在同一条电缆里相间的不平衡情况。

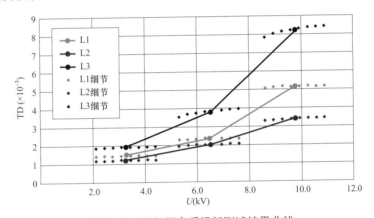

图 4 - 49　超低频介质损耗测试结果曲线

电缆介质损耗状态的评估是将每个电压水平下分别测量的介质损耗（TD）数值转换成"tanδ 平均值（VLF - TD）""tanδ 随时间稳定性（VLF - TD Stability）""tanδ 变化率（VLF - DTD）"三个指标。按式（4 - 1）～式（4 - 3）分别计算测试数据的介质损耗平均值、介质损耗变化量、介质损耗稳定性。

（1）计算三相电缆在三个测量电压下的介质损耗因数的平均值 $\overline{TD}$ 。

$$\overline{TD} = \frac{1}{n}\sum_{i=1}^{n}TD_i \qquad (4 - 1)$$

式中：n 为每一个步进电压下介质损耗因数测量次数；TD_i 为第 i 次测量的介质损耗因数值。

（2）计算三相电缆在 $1.5U_0$ 和 $0.5U_0$ 下的介质损耗变化量 $d_{\overline{TD}}$（差值）。

$$d_{\overline{TD}} = \overline{TD}_{(1.5U_0)} - \overline{TD}_{(0.5U_0)} \qquad (4 - 2)$$

式中：$\overline{TD}_{(1.5U_0)}$ 为 $1.5U_0$ 下超低频介质损耗因数平均值；$\overline{TD}_{(0.5U_0)}$ 为 $0.5U_0$ 下超低频介质损耗因数平均值。

（3）计算三相电缆在电压 U_0 下的介质损耗稳定性 S（标准差）。

$$S = \sqrt{\frac{1}{(n-1)}\sum_{i=1}^{n}(TD_i - \overline{TD})^2} \qquad (4-3)$$

式中：n 为在电压 U_0 下介质损耗因数测量次数；TD_i 为在电压 U_0 下第 i 次测量的介质损耗因数值；$\overline{TD}$ 为在电压 U_0 下测得的介质损耗因数平均值。

测试软件将自动计算数据，并给出分析评估结果。

（二）评价判据

目前，国内外主要依据 IEEE 400.2—2013《有屏蔽层电力电缆系统绝缘层现场试验与评估导则》对配电电缆进行标准化的超低频介质损耗测量和评估。以介质损耗平均值、介质损耗变化率和介质损耗稳定性的绝对值作为评价指标，或者根据与历史数据做比较的结果，将电缆绝缘的状态分为如表 4-6 所示的三类：无需采取检修行动、建议关注跟踪测试或需要采取检修行动。

表 4-6　　IEEE 400.2—2013 中给出的电缆超低频介质损耗测量值处理意见表

电缆绝缘老化评价结论	超低频介质损耗随时间稳定性 VLF-TD Stability（U_0 下测得的标准偏差，$\times10^{-3}$）	逻辑关系	介质损耗变化率 DTD（$1.5U_0$ 与 $0.5U_0$ 超低频介质损耗平均值的差值，$\times10^{-3}$）	逻辑关系	介质损耗平均值 VLF-TD，U_0 下（$\times10^{-3}$）
无需采取检修行动	<0.1	与	<5	与	<4
建议进一步测试	$0.1\sim0.5$	或	$5\sim80$	或	$4\sim50$
需要采取检修行动	>0.5	或	>80	或	>50

（1）正常状态。无需采取检修行动，表示电缆绝缘状态健康。

（2）注意状态。建议进一步测试。应定期对该电缆线路进行复测，时间间隔宜为 1 年，若复测结果没有明显变化，电缆线路无需处理，继续投入运行；若复测结果较上一次测试结果明显变大，或结果值已进入需要采取检修行动的范围，应立即检查电缆线路缺陷位置，及时进行更换。

（3）异常状态。需要采取检修行动。应立即检查电缆线路缺陷位置，及时进行修复或更换。

当电缆线路需要采取检修行动时，宜通过以下措施进行。

1）对电缆通道进行巡视，查找积水、环境潮湿处的电缆进行切割处理。

2）将电缆线路划分为多个小段（宜采用二分法）重新测量介质损耗因数，对电缆线路中易受影响的组件进行目视检查，更换可能存在问题的组件或附件，特别是较陈旧的附件，并重新测量。

3）进一步开展耐压试验或局部放电试验，检查电缆线路是否有局部的异常点。

此外，Q/GDW 11838—2018《配电电缆线路试验规程》提出了在交接试验和诊断性试验中开展超低频介质损耗检测的相关要求，试验电压和检测方法的要求主要参考 IEEE 400.2—2013。对于诊断性试验，仍然采用 IEEE 400.2—2013 的评价判据。而对于交接试验中介质损耗检测的最高试验电压和试验要求进行了细化规定，对于整相不含已运行电缆或附件的电缆线路，按全线电缆最高试验电压 $2.0U_0$ 考核，依据全新电缆试验要求评价。对于含已运行电缆或附件的电缆线路，按非全新电缆最高试验电压 $1.5U_0$ 考核，依据非全新电缆试验要求评价。交接试验中开展超低频介质损耗测试可作为电缆敷设安装后的检测手段之一，也可作为后续开展电缆老化评估时比对分析的重要初始数据。交接试验中超低频介质损耗检测要求见表 4-7。

表 4-7   交接试验中超低频介质损耗检测要求

电压形式	试验电压		介质损耗检测数量	试验要求	
	全新电缆	非全新电缆		全新电缆	非全新电缆
超低频正弦波电压	$1.0U_0$、$2.0U_0$	$0.5U_0$、$1.0U_0$、$1.5U_0$	每级电压下不低于5次	$1.0U_0$ 下介质损耗值偏差<$0.1×10^{-3}$；$2.0U_0$ 与 $1.0U_0$ 超低频介质损耗平均值的差值<$0.8×10^{-3}$；$1.0U_0$ 下介质损耗平均值<$1.0×10^{-3}$	$1.0U_0$ 下介质损耗值偏差<$0.5×10^{-3}$；$0.5U_0$ 与 $1.5U_0$ 超低频介质损耗平均值的差值<$80×10^{-3}$；$1.0U_0$ 下介质损耗平均值<$50×10^{-3}$

四、案例

（一）案例 1　10kV 电缆中间接头进水缺陷

【电缆型号】YJV22-8.7/10-3×300

【线路长度】3913m

【终端类型】测试端（T 型终端）、对端（冷缩户内终端）

【敷设方式】隧道

【投运年限】2 年

【检测及诊断过程】

该电缆线路共有 9 组中间接头，在进行局部放电试验过程中，发生 4 号接头击穿故障，随即对该接头进行检查，发现在接头附近的隧道内存在大量积水，接头经解体分析后发现内部有明显进水、受潮痕迹。更换 4 号接头后再次进行局部放电试验，未发现明显局部放电。由于该线路所在电缆通道环境潮湿，检修人员对该线路的另外几处接头位置进行隐患排查，发现除 4 号接头外，5 号、8 号接头所在的通道内也存在积水，决定通过超低频介质损耗检测试验对该电缆进行评估。

检测发现 A 相的 VLF-TD Stability 超标，DTD、VLF-TD 也有不同程度升高，表明 A 相存在"需要采取检修行动"的严重缺陷。B 相 VLF-TD Stability 和 VLF-TD 超标，同样表明存在"需要采取检修行动"的严重缺陷。C 相 VLF-TD Stability、DTD、VLF-TD

三个指标均有升高，但指标较另外两相低，提示存在一般性缺陷。具体检测结果见表4-8。

表4-8 超低频介质损耗检测试验结果

相别	超低频介质损耗随时间稳定性 VLF-TD Stability（U_0下测得的标准偏差，$\times 10^{-3}$）	介质损耗变化率 DTD（$1.5U_0$与$0.5U_0$超低频介质损耗平均值的差值，$\times 10^{-3}$）	介质损耗平均值 VLF-TD，U_0下（$\times 10^{-3}$）	电缆绝缘老化老化评价结论
A相	0.5<1.24	5<14.81<80	4<32.80<50	需要采取检修行动
B相	0.5<0.97	0.58<5	4<23.54<50	需要采取检修行动
C相	0.1<0.21<0.5	5<7.17<80	4<16.21<50	建议进一步测试

对高度怀疑进水受潮的5号中间接头进行解体分析，锯掉中间接头两端的内外护套搭接部分。发现一端良好，钢铠及铜屏蔽层无锈蚀现象。另一端钢铠锈蚀严重，铜屏蔽层受潮痕迹明显。深入解剖后发现绝缘橡胶件表面存在较为明显的水滴，如图4-50所示。表明水分已从内外护套搭接处渗入到电缆中间接头外护套内部。

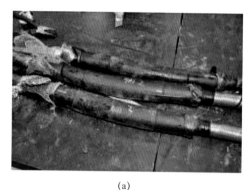 

(a) (b)

图4-50 5号接头中间接头解体检查
（a）外护套检查；（b）绝缘橡胶件端部防水带材检查

对三相绝缘橡胶件端部防水带材防水情况进行检查，发现防水带材搭接绝缘橡胶件端部的粘合力不足，橡胶件两端防水带材存在水渍。分析推测该接头附件安装过程中，存在内外护套搭接尺寸控制不严的问题，防水带材防水性能不足，导致电缆运行后环境中的潮气通过接头接入电缆内部，引起绝缘性能下降。

对5号接头更换后重新进行超低频介质损耗检测试验，检测结果显示正常。

（二）案例2 10kV电缆外护套破损致本体进水缺陷

【电缆型号】YJV22-8.7/10-3×300

【线路长度】1213m

【终端类型】测试端（T型终端）、对端（冷缩户内终端）

【敷设方式】排管、直埋

【投运年限】8年

【检测及诊断过程】

该电缆线路改接后重新投运前进行交接验收试验,发现三相间绝缘电阻存在较大差异,A 相为无穷大,B、C 相绝缘电阻相对较低,分别为 786MΩ 和 109MΩ。局部放电试验未发现明显的放电现象,故采用超低频测量电缆介质损耗,得到的结果见表4−9。

表 4−9　　　　　　　　　　超低频介质损耗检测试验结果

相别	超低频介质损耗随时间稳定性 VLF−TD Stability（U_0 下测得的标准偏差,×10^{-3}）	介质损耗变化率 DTD（1.5U_0 与 0.5U_0 超低频介质损耗平均值的差值,×10^{-3}）	介质损耗平均值 VLF−TD,U_0 下（×10^{-3}）	电缆绝缘老化老化评价结论
A 相	0.1<0.17<0.5	3.34<5	2.74<4	建议进一步测试
B 相	0.1<0.17<0.5	3.12<5	4<6.53<50	建议进一步测试
C 相	0.5<0.7	5<14.04<80	4<13.25<50	需要采取检修行动

由于该电缆未发现明显缺陷和故障,且无中间接头,运行年限也不算长,因此介质损耗偏大的原因怀疑来自电缆本体的水树枝。而引起水树枝生长的外界因素很可能来自电缆外护套破损,为深入查找、验证电缆介质损耗超标的原因,进行外护套故障查找,通过外护套故障定位测试仪测试人员发现位于 612m 的电缆直埋段听到清晰的放电声音,并受到明显的声磁同步信号。对确认的故障点位置进行挖掘后发现电缆外护套破损点(见图4−51)。

通过解体后发现,电缆铜屏蔽已出现明显的铜绿腐蚀,初步判断该电缆可能在敷设阶段由于施工不当或外力破坏导致外护套破损,在长期运

图 4−51　外护套破损导致电缆本体进水受潮

行过程中,土壤中潮气通过破损点逐步侵入电缆本体绝缘,导致介质损耗超标。

第三节　超低频局部放电检测

一、技术概述

(一)技术原理

50Hz 工频或变频交流试验电压对电缆绝缘最安全,效果也最好。但为了满足电缆局部放电试验的电源容量要求,工频或变频交流试验设备需要较高的输入功率,设备体积和重量都比较大,需用拖车装载,试验平台搬运和搭建都不方便,因此在配电网中很少用于实际现场试验。超低频余弦方波电压(VLF CR)是近年来除阻尼振荡波以外较为适用于配电电缆局部放电现场检测的试验技术。

第二章第一节已经对 VLF CR 电压源进行了介绍，超低频局部放电检测技术就是应用 VLF CR 进行局部放电的激发，同时在每次极性转换的周期内进行局部放电采集和定位的技术。VLF CR 电压频率一般为 0.1Hz，但极性转化过程为 2~6ms，与工频电压波形的上升或下降沿斜率相近。因此在电压极性转换过程中对于绝缘缺陷的激励效果与 50Hz 交流电压有一定的类比性（见图 4-52）。由于局部放电现象与电压频率也有直接的关系，为了获得与工频交流电压下相似的激励效果，需要适当提高电压幅值来弥补频率降低对于绝缘缺陷局部放电激发的影响。

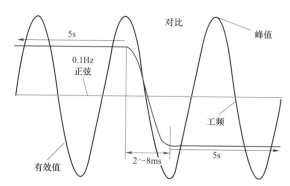

图 4-52　超低频余弦方波电压与工频交流电压波形对比

当利用直流源对交联聚合物电缆进行局部放电试验时，在负极性电压的作用下，空间电荷在绝缘电介质中的缺陷周围形成积累。电缆重新投入运行后，工频交流电压正极性输出时将导致在电缆缺陷和其周围的负极性剩余空间电荷之间形成非常大的电压梯度，对电缆绝缘造成很大的破坏。然而，通过基于电力电子器件实现直流电源极性转换后的方波电压，不仅解决了直流试验的上述问题，将频率降低至 0.1Hz 后试验设备体积和重量都大幅度缩小。在局部放电检测有效性和工频电压下或阻尼振荡波下的效果无显著差异时，超低频局部放电检测技术将在配电电缆现场试验领域获得了一定的应用前景。

（二）测试系统组成

如图 4-53 所示，超低频局部放电测试系统主要由 VLF CR 高压源、耦合与局部放电

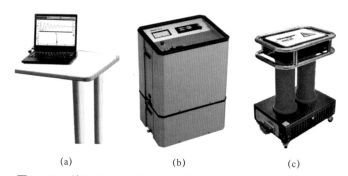

（a）　　　　　　　　　（b）　　　　　　　　　（c）

图 4-53　德国 SebaKMT 公司超低频局部放电测试系统组成

（a）局部放电测量控制单元；（b）VLF CR 高压源；（c）耦合与局部放电采集单元

采集单元和局部放电测量控制单元等三部分以及长度不小于 30m 的特制柔性连接电缆组成，可以显示输出试验电压的波形、频率、输出峰值电压和电流以及时间等试验参数。试验设备具备可靠的过电流或过电压保护功能、启动功能以及内置放电功能。图 4-54 展示了超低频局部放电试验系统连接示意图。

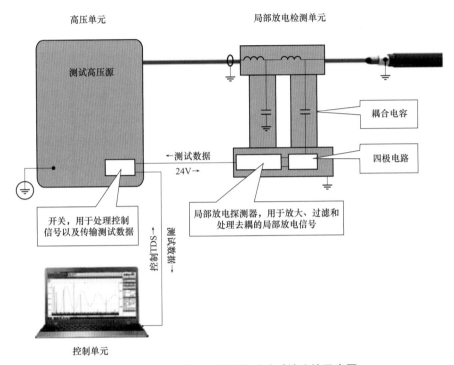

图 4-54　超低频局部放电试验系统连接示意图

与阻尼振荡波测试系统类似，超低频局部放电试验中还需要绝缘电阻测试仪、波反射仪、电缆均压帽，以及接地线、放电棒等其他安全工器具。

二、检测方法与要求

超低频局部放电试验的检测流程和方法要求与阻尼振荡波局部放电试验基本相同，具体可参见本章第一节内容。试验前也需要进行电缆预处理、绝缘电阻测试和电缆参数测量，然后按照图 4-55 所示的接线方式进行试验系统的接线。

超低频局部放电测试系统可进行以下两种不同模式的试验。

（1）逐级诊断模式。逐级升压的 VLF CR 局部放电诊断与测试。

（2）耐压模式。最高试验电压等级下的 VLF CR 耐压和局部放电监测诊断同步测试。

耐压模式下的局部放电试验过程中，由于最高电压施加的时间较长，应密切监视局部放电值，监听试品电缆是否有异常响声。从升至最高试验电压时，开始记录试验时间并读取试验电压值。当检测到局部放电时，应根据局部放电的情况和试验类型（交接验收试验、诊断性试验）适当调整耐压时间，或者选择中断试验。图 4-56 给出了 VLF CR 耐压模式下局部放电试验策略。

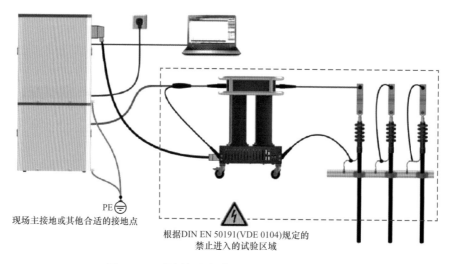

现场主接地或其他合适的接地点

根据DIN EN 50191(VDE 0104)规定的
禁止进入的试验区域

图 4-55 超低频局部放电测试系统接线示意图

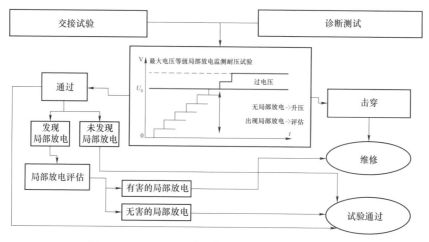

图 4-56 VLF CR 耐压模式下局部放电试验策略

三、数据分析与判断

（一）数据分析

目前，以德国 SebaKMT 公司超低频测试系统为例，试验过程中即可实时显示发现疑似局部放电的动态数据，包括局部放电值、局部放电定位以及累计监测到的局部放电次数。试验后，可自动完成局部放电测试分析，给出如图 4-57 所示的分析汇总。

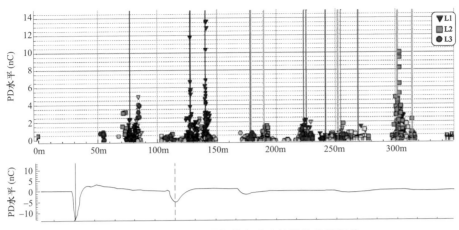

图 4-57 VLF CR 局部放电试验结果的分析汇总

（二）评价判据

目前，由于国内外采用超低频电压进行配电电缆局部放电检测技术的应用较为有限，仍处于不断尝试和经验积累阶段。IEEE 400.2—2013《电力电缆超低频（<1Hz）现场试验导则》详细介绍了超低频耐压和局部放电的试验方法，但没有给出具体的局部放电评价判据。国内仅有 Q/GDW 11838—2018《配电电缆线路试验规程》规定了超低频局部放电检测结果的评价判据，形式上也是参照了阻尼振荡波局部放电检测的相关标准体系，主要区别在于最高试验电压和试验时长的不同（见表 4-10）。

表 4-10   Q/GDW 11838—2018 中关于超低频局部放电与
阻尼振荡波局部放电试验要求的差异

电压形式	最高试验电压（交接验收试验）		最高试验电压（诊断性试验）	最高试验电压激励次数/时长
	全新电缆	非全新电缆		
阻尼振荡波	$2.0U_0$	$1.7U_0$	$1.7U_0$	不低于 5 次
超低频余弦方波	$2.5U_0$	$2.0U_0$	$2.0U_0$	不低于 15 分钟

需要注意的是，余弦方波的有效值和峰值是相等的

四、案例

（一）案例 1   10kV 电缆中间接头施工工艺复合缺陷

【电缆型号】YJV22-8.7/10-3×300

【线路长度】253m

【终端类型】测试端（T 型终端）、对端（冷缩户内终端）

【敷设方式】管沟

【投运年限】3 年

【检测及诊断过程】

对该 10kV 电缆线路先后开展超低频余弦方波下的局部放电检测试验和阻尼振荡波电压下的局部放电检测试验。发现 210m 附近三相均存在两处相邻的严重局部放电现象，从局部放电量、放电频次和定位位置显示两次检测的结果基本一致（见图 4-58）。

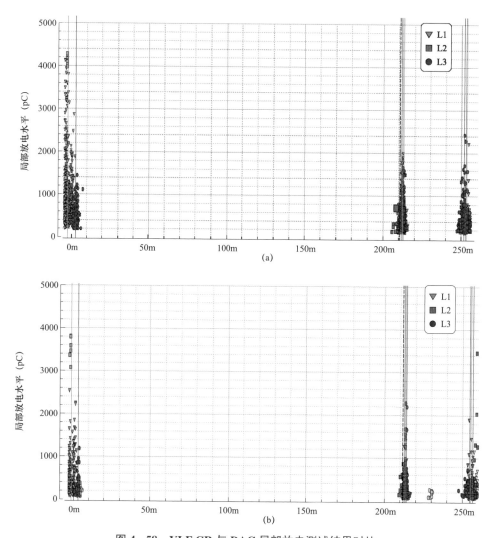

图 4-58　VLF CR 与 DAC 局部放电测试结果对比

（a）$2U_0$ 下 VLF CR 局部放电测试结果；（b）$1.7U_0$ 下 DAC 局部放电测试结果

经解剖后发现第一处接头存在较为严重的施工工艺缺陷。三相既没有分相绕包屏蔽网，两端屏蔽仅用一根屏蔽带相连。三相接头仅用透明胶带绕包，打开外部套管即露出中间接头，发现电缆绝缘已长期浸水老化。第二处接头也发现类似的问题，存在施工工艺缺陷和电缆浸水老化后的复合类型缺陷，三相接头外绕包了较多绝缘胶带，且发热烧蚀严重，存在明显的放电痕迹。电缆中间接头复合缺陷解剖图如图 4-59 所示。

图 4-59　电缆中间接头复合缺陷解剖图

（二）案例 2　10kV 电缆中间接头主绝缘划伤缺陷

【电缆型号】YJV22-8.7/10-3×300

【线路长度】262m

【终端类型】测试端（T 型终端）、对端（冷缩户内终端）

【敷设方式】管沟

【投运年限】新电缆

【检测及诊断过程】

对该 10kV 电缆线路开展交接验收试验时发现三相绝缘电阻较低，其中 A 相的绝缘电阻最低只有 10MΩ，随后在进行超低频耐压时位于距测试端 26m 处 A 相接头被击穿。重做该接头后重新进行超低频余弦方波耐压模式下的局部放电检测，发现 B 相、C 相接头处仍存在明显的局部放电现象。测试结果如图 4-60 所示。

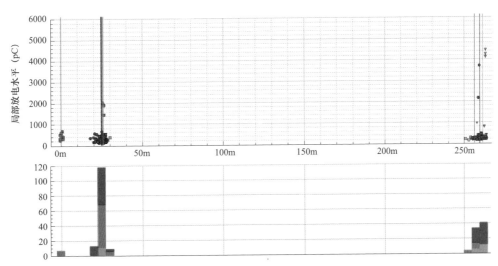

图 4-60　VLF CR 局部放电测试结果

经解剖后发现该中间接头主绝缘和半导电层均存在明显的划痕（见图 4-61），表明在电缆附件制作过程中切割半导电层时可能划伤主绝缘。

图 4-61 电缆中间接头复合缺陷解剖图

第五章

常用的带电检测技术

第一节 红外温度检测

一、技术概述

（一）技术原理

理论上讲，任何高于绝对零度的物体都能发出红外辐射能量。红外辐射是电磁频谱的一部分，波段位于 0.75～100μm，工业用红外测温仪的工作波长在 0.76～14μm。大气对红外辐射有吸收、散射、折射的物理过程，对物体的红外辐射会有衰减作用，称为消光。大气的消光作用与波长相关，有明显的选择性。红外在大气中有三个波段区间能基本完全通过，称为"大气窗口"。红外测温检测技术，就是利用了"大气窗口"。短波窗口在 1～5μm，而长波窗口则是在 8～14μm。一般红外测温仪使用的波段为：短波（3～5μm）、长波（8～14μm）。红外光谱范围如图 5－1 所示。

红外测温原理是将物体发出的红外线具有的辐射能转换为电信号，红外线辐射能的大小与物体本身的温度相对应，根据转变成电信号的大小，确定物体温度。红外测温仪还能根据目标辐射率、环境温度、距离等校正计算温度值，使测量温度尽可能接近物体实际温度。

配电网设备一般有电流致热型、电压致热型、电磁致热型和综合致热型设备。电流致热型是指由于电流效应引起的发热，电压致热型是指由于电压效应引起的发热，电磁致热型由于铁芯的磁滞、涡流等形成的发热，综合致热型是指既有电流效应又有电压效应或者电磁效应引起的发热。针对不同的致热设备，红外测温有不同的判断方法。

配电电缆常见的缺陷状态有过热和局部放电，严重的局部放电除会产生电磁信号外，通常还伴有电流致热型的局部放电发热现象。因此，可以通过红外测温检测技术判断电缆是否存在异常。红外测温常用于测量电缆终端头与电气部分的连接点温度，测量电缆终端是否存在发热情况，测量电缆中间接头或本体受损处的发热情况等。电缆户内终端头大多安装在配电柜内，配电柜面板观察窗的材质一般为普通玻璃或塑料板，由于玻璃和塑料对红外线的传输有很大衰减和影响，因此无法通过观察窗直接对柜内的电缆头进行红外测温。

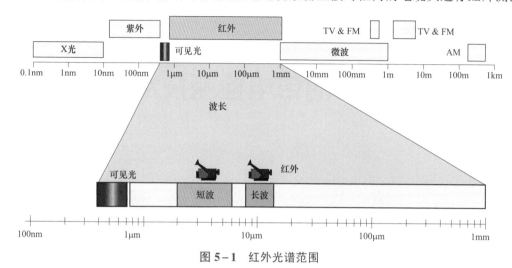

图 5-1　红外光谱范围

（二）测试系统的组成

配电网常用的红外测温仪为红外热像仪，它主要由镜头、探测器、信号处理器、显示器等元件构成。红外热像仪一般还配有专门的处理、分析、计算软件，用于精准检测判断。红外测温设备构成图和红外测温仪实物图分别如图 5-2 和图 5-3 所示。

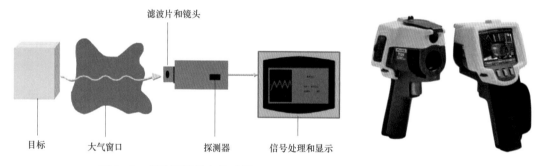

图 5-2　红外测温设备构成图　　　　　图 5-3　红外测温仪实物图

红外测温仪的特点是非接触、测量速度快、操作简单。红外测温时，检测仪器能够与被测带电体保持足够的安全距离，测量过程安全可靠，且测温仪器操作简单，成像速度快，红外热像仪能够拍摄红外图片和可见光图片，用于后期计算分析使用。

使用红外测温仪涉及的参数主要有以下 5 个。

（1）温升。被测设备表面温度和环境温度参照体表面温度之差。

（2）温差。不同被测设备或同一被测设备不同部位之间的温度差。

（3）相对温差。两个对应测点之间的温差与其中较热点的温升之比的百分数。相对温差 δ_t 可用式（5-1）求出。

$$\delta_{t} = \frac{\tau_{1} - \tau_{2}}{\tau_{1}} \times 100\% = \frac{T_{1} - T_{2}}{T_{1} - T_{0}} \times 100\% \qquad (5-1)$$

式中：τ_{1} 和 T_{1} 分别为发热点的温升和温度；τ_{2} 和 T_{2} 分别为正常相对应点的温升和温度；T_{0} 为环境参照体的温度。

（4）环境温度参照体。用来采集环境温度的物体。它不一定具有当时的真实环境温度，但具有与被检测设备相似的物理属性，并与被检测设备处于相似的环境之中。

（5）空间分辨率。红外热像仪分辨物体的能力，单位 mard。可理解为测量距离与目标大小的关系。空间分辨率为 1.3mrad 的热像仪，如果被测目标与热像仪之间的距离为 100m，那么 0.13m 大小的物体刚好可以充满 1 个探测器单元像素，0.26m 大小的物体则可以充满 4 个探测器单元像素。

虽然红外测温操作简单，但测量精度也易受环境、测量方式等因素影响。因此测试人员要学会正确的使用条件和测试方法，确保检测的温度真实有效。

二、检测方法与要求

（一）检测条件

按照检测需求分为一般检测和精确检测。一般检测适用于用红外热像仪对电气设备进行大面积检测，如周期巡检。精确检测主要用于检测电压致热型和部分电流致热型设备的内部缺陷，以便对设备的故障进行精确判断，如隐患检测。

环境温度一般不低于 0℃，相对湿度一般不大于 85%，天气以阴天、多云为宜，不应在雷、雨、雾、雪等气象条件下进行，检测时风速一般不大于 5m/s（精确检测时要求风速一般不大于 0.5m/s）。检测设备周围应具有均衡的背景辐射，测温时要避开附近的热辐射源的干扰。检测电流致热型的设备，最好在设备负荷高峰状态下进行，至少不低于额定负荷的 30%。

（二）检测步骤及方法

（1）检测前在记录表中记录被检设备的名称、负荷电流，测量环境天气、温湿度、风速，并记录。

（2）选择合适的红外热像仪，空间分辨率应满足实测距离的要求。仪器开机自检，待图像输出稳定后开始作业。

（3）检测量程可采用自动量程方式或手动设置方式，以环境温度 T_{0} 为基准，采取 $T_{0} - 10℃$ 至 $T_{0} + 50℃$ 为量程的方式。

（4）输入被测设备的辐射率、测试现场环境温度、相对湿度、测量距离等补偿参数。对于大多数物体，红外辐射由自身辐射和反射环境两部分组成。在检测时，应注意检测的角度，避免邻近物体热辐射的反射。红外热像仪对物体进行红外检测时必须选择合适的辐射率，对于配电电缆及其附属设备进行外部故障的带电巡检时，辐射率可选择为 0.9。

（5）对目标物进行粗测：将热像仪对准被检测对象，对所有应测部位进行全面扫描。找出热态异常部位，如无异常部位只需将图像调节清晰并保存以备在计算机准确判断，并填写记录表格。

（6）对目标物进行精测：如发现目标物存在温度异常，应按下述要求对目标物进行精测。在满足安全距离的情况下，红外热像仪宜尽量靠近被检设备，使被检设备充满整个视场。从多角度进行检测，选择最佳的检测角度，一般检测角度不应该大于30°。在需要进行复测情况下，应记录检测位置，以便于下次在同样位置检测，进行比较。并将测量数据记录表内。

（7）使用专用软件对测量图谱进行精准分析并形成报告。

三、数据分析与判断

（一）数据分析

红外测温检测的判断方法主要有以下几种。

（1）表面温度判断法。主要适用于电流致热型和电磁效应引起发热的设备，根据测得的设备表面温度值，对照相关标准规定，结合环境气候条件、负荷大小进行分析判断。

（2）相对温度判断法。相对温度判断法是为了排除设备负荷、环境温度不同对红外检测和诊断结果的影响而提出的，当环境温度过低或设备负荷较小时，设备的温度必然低于高环境温度和高负荷时的温度，此时温度值没有超过允许值，但并不能说明设备没有缺陷存在，往往在负荷增长后，或环境温度上升后，引发设备事故。

（3）同类比较判断法。根据同类设备之间对应部位的表面温差进行比较分析判断。对于电流致热型设备，应先按照表面温度判断法进行判断，如未能确定设备的缺陷类型时，再按照相对温差判断法进行判断，最后才按照同类比较判断法判断。档案（或历史）热像图也多用作同类比较判断。

（4）档案分析判断法。将测量结果与设备的红外诊断技术档案相比较来进行分析诊断的方法。

（5）实时分析判断法。在一段时间内让红外热像仪连续检（监）测一被测设备，观察、记录设备温度随负荷、时间等因素的变化，并进行实时分析判断。多用于非常态大负荷试验或运行、带缺陷运行设备的跟踪和分析判断。

（二）评价判据

在 Q/GDW 11838—2018《配电电缆线路试验规程》中，配电电缆红外测温属于例行试验和诊断性试验项目。检测部位为电缆终端、电缆导体与外部金属连接处以及具备检测条件的电缆接头，测量方法按照 DL/T 664—2016《带电设备红外诊断应用规范》的要求执行。配电电缆线路红外测温检测判据见表 5-1。

此外，DL/T 664—2016 中也给出了更为具体的判断依据（见表 5-2）。

表 5-1 红 外 测 温 检 测 判 据

电缆导体或金属屏蔽与外部金属连接的同部位相间温度差（K）	终端本体同部位相间温度差（K）	评价结论
≤6	≤2	正常
>6 且≤10	>2 且≤4	注意
>10	>4	异常

表 5-2 电缆设备红外测温判断依据

部位	红外诊断	红外图谱
户外终端头	参照 DL/T 664—2016《带电设备红外诊断应用规范》附录 I 电压致热型设备缺陷诊断判据表 I.1 电压致热型设备缺陷诊断判据： 设备类别和部位：电缆终端； 热像特征：伞裙局部区域过热； 故障特征：内部可能有局部放电； 温差：0.5～1K	
户内终端头	图像特征判断法：主要适用于电压致热型设备。根据同类设备的正常状态和异常状态的热像图，判断设备是否正常。注意应尽量排除各种干扰因素对图像的影响，必要时结合电气试验或化学分析的结果，进行综合判断。 同类比较判断法：根据同类设备之间对应部位的表面温差进行比较分析判断。对于电压致热型设备，应结合图像特征判断法进行判断；对于电流致热型设备，应先按照表面温度判断法进行判断，如未能确定设备的缺陷类型时，再按照相对温差判断法进行判断，最后才按照同类比较判断法判断。档案（或历史）热像图也多用作同类比较判断	R01 R02 R03
电缆中间接头	图像特征判断法：主要适用于电压致热型设备。根据同类设备的正常状态和异常状态的热像图，判断设备是否正常。注意应尽量排除各种干扰因素对图像的影响，必要时结合电气试验或化学分析的结果，进行综合判断。 同类比较判断法：根据同类设备之间对应部位的表面温差进行比较分析判断。对于电压致热型设备，应结合图像特征判断法进行判断；对于电流致热型设备，应先按照表面温度判断法进行判断，如未能确定设备的缺陷类型时，再按照相对温差判断法进行判断，最后才按照同类比较判断法判断。档案（或历史）热像图也多用作同类比较判断	

四、案例

某供电公司对华泰 203 线 8 号对接箱内电缆终端头进行红外测温（见图 5-4），测得三相温度分别为：31.7、27.5、25.3℃（见图 5-5）。电缆终端处可能因接触不良引起发热，也可能因局部放电引起发热，所以要对该处发热进行综合判断，如按电流致热型设备判断：最大相对温差 δ=（31.7-25.3)/31.7=20.2%，未达到一般缺陷等级。如按电压致热型设备判断，相间温差已达到 6.4K，已属于严重缺陷。第一次测量时如无法准确判断缺陷等级，建议跟踪复测后再采取相应检修措施。

图 5-4　被测设备和位置

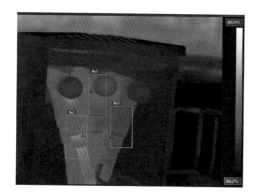

图 5-5　第一次测量温度值

由于第一次测量未在负荷高峰期，为进一步明确缺陷严重程度，在一段时间后进行跟踪复测，并选择电缆负荷较高时进行，测得该处电缆终端头三相温度分别为 89.0、47.3、36.1℃（见图 5-6）。经综合判断分析后可以看出，电缆终端头已存在明显的缺陷，应立即开展检修。经解剖观察，电缆附件存在明显局部放电痕迹和热变形（见图 5-7）。

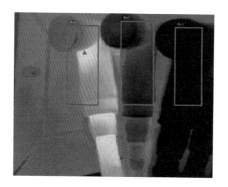

测量		℃
Bx1	Max	89.0
Bx2	Max	47.3
Bx3	Max	36.1

图 5-6　第二次复测温度值

图 5-7 设备解剖照片

第二节 高频局部放电检测

一、技术概述

（一）技术原理

高频局部放电检测方法是用于电力设备局部放电缺陷检测的常用测量方法之一，其检测频率范围通常为 3～30MHz。高频局部放电检测技术可广泛应用于电力电缆及其附件、变压器、电抗器、旋转电机等电力设备的局部放电检测，其高频脉冲电流信号可以由电感式耦合传感器或电容式耦合传感器进行耦合。

配电电缆及附件的高频局部放电检测通常采用电感式耦合传感器中的高频电流传感器（HFCT），当电缆内部发生局部放电时，通常会在其接地引下线或其他地电位连接线上产生脉冲电流。通过高频电流传感器检测流过接地引下线或其他地电位连接线上的高频脉冲电流信号，实现对电缆局部放电的带电检测，如图 5-8 所示。

高频局部放电检测适用于运行中的电缆及附件的局部放电检测，主要用于电缆终端头或中间接头的检测。由于电缆局部放电通常发生在电缆终端和中间接头部位，因此测量点应尽量靠近电缆终端头或中间接头，以确保局部放电信号在传输过程中未明显衰减，能够被高频电流传感器捕捉。

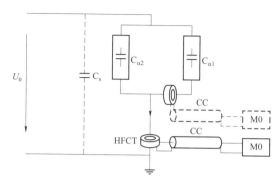

图 5-8　高频电流局部放电检测原理

U_0—高压源；C_s—杂散电容；$C_{\alpha 1}$，$C_{\alpha 2}$—电力设备；HFCT—高频电流传感器；

CC—连接电缆；M0—高频法局部放电带电检测仪

（二）测试系统组成

高频局部放电检测系统一般由高频电流传感器、工频相位单元、信号采集单元、信号处理分析单元等构成，高频电流传感器完成对局部放电信号的接收，一般使用钳式高频电流传感器或 HFCT；工频相位单元获取工频参考相位；信号采集单元将局部放电和工频相位的模拟信号进行调理并转化为数字信号；信号处理分析单元完成局部放电信号的处理、分析、展示以及人机交互。组成框图如图 5-9 所示，高频局部放电检测仪实物图如图 5-10 所示。

图 5-9　高频局部放电检测设备组成框图

图 5-10　高频局部放电检测仪实物图

设备安装位置如图 5-11 所示，高频电流互感器需装在电缆终端头或中间接头的接地引线上。

高频电流传感器作为一种常用的传感器，可以设计成开口 TA 的安装方式，在非嵌入方式下能够实现局部放电脉冲电流的非接触式检测，因此具有便于携带、方便应用的特点。

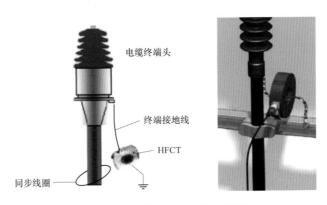

电缆终端头

终端接地线

HFCT

同步线圈

图 5-11 高频电流互感器安装位置

高频局部放电检测，其测量回路与被测电缆之间没有直接的相关性，接线简单，无饱和现象，能很好地抑制外界噪声，无需电缆停电测量，对电缆不会造成损伤。

抗电磁干扰能力相对较弱。由于高频电流传感器的检测原理为电磁感应，周围及被测串联回路的电磁信号均会对检测造成干扰，影响检测信号的识别及检测结果的准确性。这就需要从频域、时域、相位分布模式等方面对干扰信号进行排除。

二、检测方法与要求

（一）检测条件

检测应至少由两人进行，并严格执行保证安全的组织措施和技术措施。检测时应能确保操作人员及测试仪器与电力设备的高压部分保持足够的安全距离；被检设备的金属外壳及接地引线应可靠接地，并与检测仪器和传感器绝缘良好；检测过程中应尽量避免其他干扰源带来的影响；对同一设备应保持每次测试点的位置一致，以便于进行比较分析；雷雨天气应暂停检测工作。

采用在电缆终端接地线位置或电缆本体安装的高频 TA 传感器或其他类型传感器进行局部放电检测。

（二）检测步骤及方法

（1）检测开始前，记录现场待测电缆制造厂家、型号及环境温湿度等相关信息。

（2）对待测电缆及其接地引线进行验电操作，确认待测电缆设备表面无漏电现象，接地线接地良好。

（3）连接仪器检测线缆和通讯线缆，并进行检查。

（4）将高频互感器固定在待测电缆的接地线上（装拆时应戴绝缘手套）。

（5）接入同步信号单元，通过软件观测接入的同步信号的频率是否正确。

（6）使用检测主机和检测软件，观测传感器采集到的现场检测数据，并对检测数据进行保存、记录。

（7）使用分析软件对检测数据、图谱进行分析。根据相位图谱特征判断测量信号是否具备 50Hz 相关性，若具备，说明存在局部放电。如检出局部放电信号，则线路认定为异常状态。

三、数据分析与判断

（一）数据分析

目前，高频局部放电检测主要通过局部放电表现作定性判断，缺陷判据及缺陷识别诊断方法如下。

（1）相同安装部位同一类设备局部放电信号的横向对比。相似设备在相似环境下检测得到的局部放电信号，其测试幅值和测试谱图应比较相似，例如对同一电缆井内的两组电缆中间接头或同杆架设的两根上杆电缆的局部放电图谱对比，可以确定是否有放电，同一根电缆的不同位置的中间接头、终端头也可以作类似横向比较。

（2）同一设备历史数据的纵向对比。通过在较长的时间内多次测量同一设备的局部放电信号，可以跟踪设备的绝缘状态劣化趋势，如果测量值有明显增大，或出现典型局部放电谱图，可判断此测试点存在异常。

（3）若检测到局部放电特征的信号，当放电幅值较小时，判定为异常信号；当放电特征明显，且幅值较大时，判定为缺陷信号。

（4）对于具有等效时频谱图分析功能的高频局部放电检测仪器，应将去噪声和信号分类后的单一放电信号与典型局部放电谱图相类比，可以判断放电类型、严重程度。

（5）对于检测到的异常及缺陷信号，要结合测试经验和其他试验项目测试结果对设备进行危险性评估。

（二）评价判据

目前，配电电缆高频局部放电检测技术暂无非常明确的定量判断标准，可依据表5-3对图谱特征、放电幅值做对照判断。

表 5-3　　　　　　　　　　　高频局部放电判断标准

判断结果	测试结果	图谱特征	放电幅值	检修对策
正常	无典型放电图谱	没有放电特征	没有放电波形	按正常周期进行
异常	具有局部放电特征且放电幅值较小	放电相位图谱工频（或半工频）相位分布特性不明显	小于500mV 大于100mV，并参考放电频率	异常情况缩短检测周期
缺陷	具有典型局部放电的检测图谱且放电幅值较大	放电相位图谱具有明显的工频（或半工频）相位特征	大于500mV，并参考放电频率	缺陷应密切监视，观察其发展情况，必要时停电检修。通常频率越低，缺陷越严重

高频局部放电检测时，如有明显局部放电信号，还可以通过典型图谱判断缺陷类型（见表5-4）。

放电类型	图谱特征	缺陷分析
电晕放电	见图5-12	高电位处存在单点尖端，电晕放电一般出现在电压周期的负半周。若低电位处也有尖端，则负半周出现的放电脉冲幅值较大，正半周幅值较小
内部放电	见图5-13	存在内部局部放电，一般出现在电压周期中的第一和第三象限，正负半周均有放电，放电脉冲较密且大多对称分布
沿面放电	见图5-14	存在沿面放电时，一般在一个半周出现的放电脉冲幅值较大、脉冲较稀，在另一半周放电脉冲幅值较小、脉冲较密

表5-4　放电类型典型特征

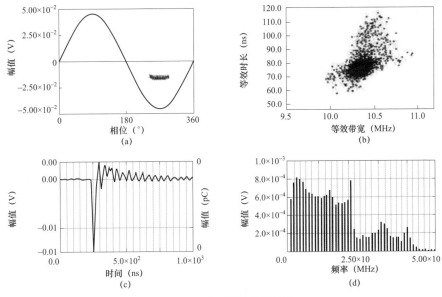

图5-12　电晕放电图谱特征

（a）相位谱图；（b）分类谱图；（c）每个脉冲时域波形；（d）单个脉冲频域波形

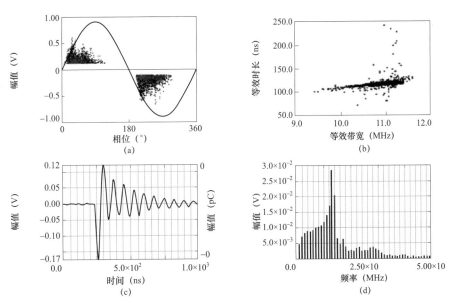

图5-13　内部放电图谱特征

（a）相位谱图；（b）分类谱图；（c）每个脉冲时域波形；（d）单个脉冲频域波形

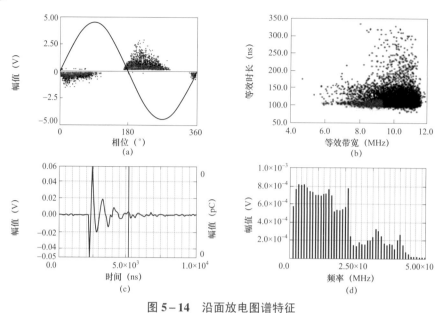

图 5-14　沿面放电图谱特征

（a）相位谱图；（b）分类谱图；（c）每个脉冲时域波形；（d）单个脉冲频域波形

四、案例

某供电公司对 10kV 对接箱内电缆终端头进行高频局部放电、超声波和红外测温检测，使用高频局部放电检测时发现异常信号，最大幅值为 70mV，测试图谱如图 5-15 所示，

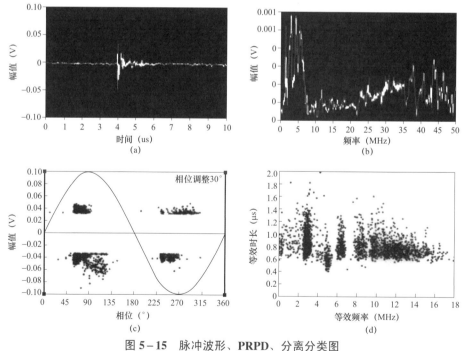

图 5-15　脉冲波形、PRPD、分离分类图

（a）脉冲波形图；（b）整体信号频率分布图；（c）PRPD 图谱；（d）分离分类图谱

经分析判断，其脉冲波形图具有明显陡升缓降的阻尼振荡波形，PRPD 相位图的一、三象限和二、四象限存在明显的相位分布特征，分离分类图存在多簇信号且有 180° 相位特征，因此可以判定检测位置存在异常。通过超声波局部放电检测和红外检测，同样发现该处位置存在异常。

对电缆头进行解剖分析，发现铜鼻内有明显碳化、烧灼的痕迹，电缆主绝缘有明显发热劣化现象（见图 5-16）。

图 5-16　解剖分析图

第三节　超声波局部放电检测

一、技术概述

（一）技术原理

电力设备中高压绝缘体发生劣化时会发生局部放电，当电网设备发生局部放电时，不仅会激发电磁信号，也会产生压力波形成的超声波脉冲，通过对超声的检测可以发现设备的故障。由于超声波的波长较长，因此它的方向性较强、能量比较集中。超声波检测原理就是通过传感器接收这些超声波信号，经过放大、滤波、检波等环节，对超声信号的分析判断，诊断是否发生了局部放电。

超声波检测一般采用强度定位法，根据距离放电源越近的传感器检测到的信号最强，即传感器与超声源直线路径时信号最强的原理，当一个平面面积内均能检测到超声波信号时，信号强度最大的检测点可判断为放电源的位置。电气设备的绝缘通常由多种复合绝缘材料组成，结构复杂，许多绝缘材料对声波的衰减和声速的影响都不同，会对局部放电的精确定位造成影响。此时可通过其他检测手段进行辅助定位判断，如红外热成像法、高倍率相机辅助外观检查和暂态地电压局部放电检测相结合等。

超声波局部放电检测适用于电缆终端头及附近位置的局部放电检测，并不适用于电缆本体的局部放电检测。超声波局部放电检测对介质类型比较敏感，适合检测空气介质放电；比较适合检测套管、终端、绝缘子的表面放电，但对电缆绝缘的内部放电较难测量。一般与暂态地电压局部放电检测联合实施。

（二）测试系统组成

超声波局部放电检测一般由主机（内置超声波检测和暂态地电压检测单元）、外置聚声器（用于架空线路上的设备检测）、耳机等构成（见图5-17）。

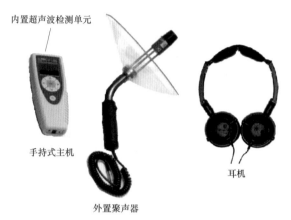

内置超声波检测单元

手持式主机

外置聚声器

耳机

图5-17　超声波局部放电检测设备实物图

超声波方法是非侵入式的检测方法，对设备运行状态没有影响，无需停电，且具有应用简便、灵活、原理简单、检测速度快等特点，主要用在定性地判断局部信号的有无，以及结合电脉冲信号或直接利用超声信号对局部放电源进行物理精准定位。

二、检测方法与要求

（一）检测条件

超声波局部放电检测一般与开关柜、环网柜设备同时进行检测。

检测至少由两人进行，并严格执行保证安全的组织措施和技术措施；应确保操作人员及测试仪器与电力设备的高压部分保持足够的安全距离。环境温度：-10～+55℃；环境湿度：相对湿度不大于90%；大气压力：80～110kPa；室外检测应避免雷电、雨、雪、雾、露等天气条件。

（二）检测步骤及方法

（1）开始前，先记录现场待测设备名称及环境温湿度等相关信息。

（2）检查周围环境，排除干扰源，如风扇、驱鼠器等。

（3）将仪器开机，连接耳机或外置聚声器。

（4）检测开关柜或户外场地的超声波背景，需在开关室内各个位置检查背景值，并记录。

（5）按规范进行超声波局部放电检测，超声波测试点主要是开关柜的所有缝隙，包括前柜面板与柜体间的缝隙、前观察窗、后柜面板与柜体间的缝隙、后观察窗、排风口等，如图 5-18 所示。注意检测时传感器应沿着开关柜柜面缝隙均速、缓慢移动，并与柜面表面靠近且不要触碰柜体。同时，在测量的时候一定要保持足够的安全距离。

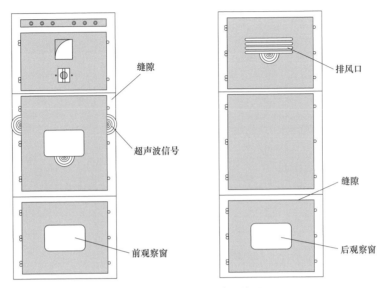

图 5-18　超声波检测位置

另外，架空线路超声波局部放电检测采用外置聚声器，检测时宜开启红外射线辅助定位，检测时应多个方向多次测量。

（6）对每个测点进行测试，同时进行比较分析，对有超声信号的间隔，分别在横向缝隙和纵向缝隙上找到信号最大点位置，即局部放电的大致位置。

（7）如存在异常，应将仪器切换至超声相位模式检测和超声波形模式检测。保存超声幅值图谱，如存在异常同时保存相位图谱和波形图谱，并记录测点信息。

（8）根据记录表，对照"检测要求及判据"分析判断缺陷位置、缺陷等级和缺陷类型，对不明确的缺陷可通过暂态地电波局部放电检测联合检测。

三、数据分析与判断

局部放电的劣化程度分为轻微放电、中度放电、严重放电 3 个等级。

（1）轻微放电。超声波检测值≤10dB，表明被检测设备存在微弱的放电现象，可以继续正常运行。

（2）中度放电。10dB＜超声波检测值≤30dB，表明被检测设备存在中度的放电现象，仍可以继续运行，但要缩短检测周期，加强监控，纵向比较每次检测的结果，如放电现象有发展的趋势，应尽早进行检修或更换，避免故障的发生。

（3）严重放电。超声波检测值＞30dB，表明被检测设备存在明显放电现象，应尽快安排检修或更换，避免故障的发生。

超声波局部放电检测还可以通过典型图谱判断缺陷类型，如表5-5~表5-8所示。

表5-5　　　　　　　　　　　悬浮缺陷典型图谱

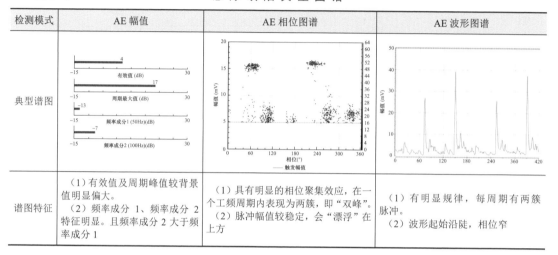

检测模式	AE幅值	AE相位图谱	AE波形图谱
典型谱图			
谱图特征	（1）有效值及周期峰值较背景值明显偏大。 （2）频率成分1、频率成分2特征明显。且频率成分2大于频率成分1	（1）具有明显的相位聚集效应，在一个工频周期内表现为两簇，即"双峰"。 （2）脉冲幅值较稳定，会"漂浮"在上方	（1）有明显规律，每周期有两簇脉冲。 （2）波形起始沿陡，相位窄

表5-6　　　　　　　　　　　电晕缺陷典型图谱

检测模式	AE幅值	AE相位图谱	AE波形图谱
典型谱图			
谱图特征	（1）有效值及周期峰值较背景值明显偏大。 （2）频率成分1、频率成分2特征明显。且频率成分1大于频率成分2	（1）具有明显的相位聚集效应，但在一个工频周期内表现为一簇，即"单峰"。 （2）幅值大小不一，相位分部较宽	（1）有明显规律，每周期一簇脉冲。 （2）每簇包含脉冲大小不一，波形相位宽

表5-7　　　　　　　　　　　沿面缺陷典型图谱

检测模式	AE幅值	AE相位图谱	AE波形图谱
典型谱图			
谱图特征	（1）有效值及周期峰值较背景值明显偏大。 （2）频率成分1、频率成分2特征明显。且频率成分2大于频率成分1	（1）具有明显的相位聚集效应，在一个工频周期内表现为两簇，即"双峰"。 （2）幅值大小不一，波形相位较宽	（1）有明显规律，每周期两簇脉冲。 （2）每簇包含脉冲大小不一，波形相位宽

表 5-8 振 动 典 型 图 谱

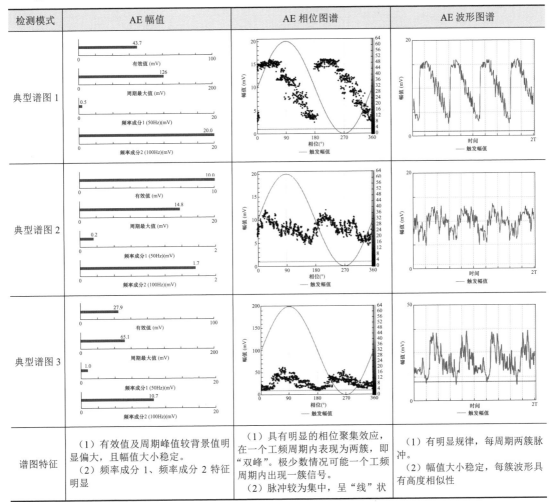

检测模式	AE 幅值	AE 相位图谱	AE 波形图谱
典型谱图 1			
典型谱图 2			
典型谱图 3			
谱图特征	（1）有效值及周期峰值较背景值明显偏大，且幅值大小稳定。 （2）频率成分 1、频率成分 2 特征明显	（1）具有明显的相位聚集效应，在一个工频周期内表现为两簇，即"双峰"。极少数情况可能一个工频周期内出现一簇信号。 （2）脉冲较为集中，呈"线"状	（1）有明显规律，每周期两簇脉冲。 （2）幅值大小稳定，每簇波形具有高度相似性

四、案例

某公司对 10kV 侧开关柜进行超声波检测，超声幅值检测存在异常，幅值最大为 31dB，耳机能听到较大放电声音，综合判断开关柜超声局部放电检测异常，开关柜存在严重局部放电信号。由相位图谱可见放电脉冲集中在一、三象限，具有局部放电特征，波形图谱可见波形稳定，波形起始沿较陡，放电类型为沿面放电。超声波幅值、相位、波形图谱如图 5-19 所示。

检修分析：由图 5-20 所示位置超声测试，朝向该位置时超声幅值最大，放电声音明显增大，根据超声的传播及衰减综合判断局部放电源位置在开关柜后面下侧柜内。对该开关柜停电处理，现场发现开关柜下部一处电缆 A、B 相紧贴，放电痕迹明显，已经出现白色点，且 A、B 相电缆区域呈现黑色发热痕迹（见图 5-21）。

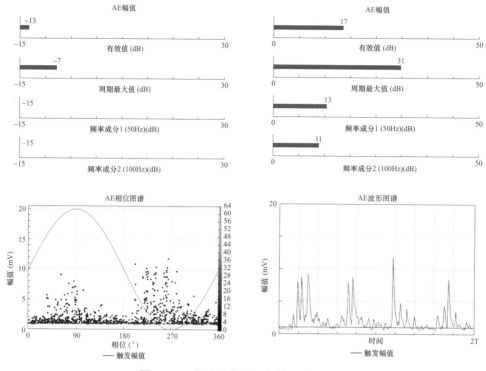

图 5-19　超声波幅值、相位、波形图谱

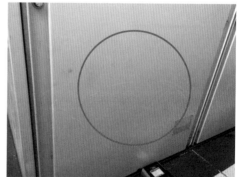

图 5-20　超声测试最大点位置

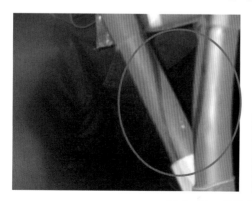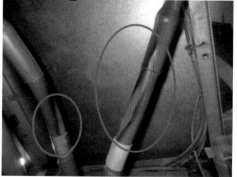

图 5-21　故障位置和放电痕迹

第四节　暂态地电压局部放电检测

一、技术概述

（一）技术原理

局部放电是发生绝缘故障的重要征兆和表现形式，开关柜局部放电会产生电磁波，电磁波在金属壁形成趋肤效应首先沿着金属表面进行传播，当到达开关柜金属箱体的接缝处时将传播出去，同时在金属表面产生暂态地电压。局部放电产生的暂态地电压信号的大小与局部放电的严重程度及放电点的位置有直接关系。因此，可以利用专门的传感器对暂态地电压信号进行检测判断开关柜内部的放电故障，同时可以利用同一放电源产生的暂态地电压信号到达不同传感器的时间差对局部放电源进行定位，或者通过幅值对比来定位。检测原理图如图 5－22 所示。

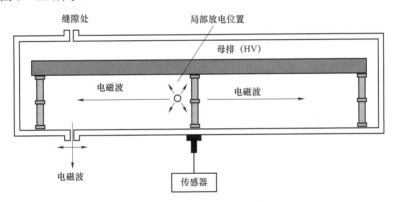

图 5－22　暂态地电压局部放电检测原理图

暂态地电压局部放电适用于非完全密封的开关柜、环网柜间隔内的电缆终端及附近位置的局部放电检测。

（二）测试系统组成

暂态地电压局部放电检测仪器一般由传感器、数据采集单元、数据处理单元、显示单元、人机接口和供电单元等组成（见图 5－23）。

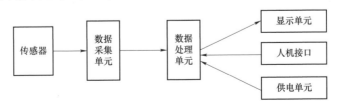

图 5－23　暂态地电压局部放电检测仪器构成示意图

地电波的强度与局部放电脉冲宽度、距离呈现负相关性，随着二者的增加而迅速减小，而与局部放电脉冲幅值呈现正相关性，随其增加而增加，所以地电波检测法能够快速检测放电过程越快、越激烈、距离越近的局部放电。该方法的优点是，能够在设备运行条件下进行，有效降低设备停电次数，提升供电可靠性和稳定性。

由于暂态地电压脉冲必须通过设备金属壳体间的间断处由内表面传至外表面方可被检测到，因此该检测技术不适用于金属外壳完全密封的电力设备，在电力设备绝缘缺陷检测时，暂态地电压检测技术常常与超声波局部放电检测技术联合使用。

二、检测方法与要求

（一）检测条件

检测至少由两人进行，并严格执行保证安全的组织措施和技术措施；应确保操作人员及测试仪器与电力设备的高压部分保持足够的安全距离。环境温度：−10~+55℃；环境湿度：相对湿度不大于85%，无凝露；被测设备金属外壳应清洁并可靠接地；雷电天气时禁止进行检测。

（二）检测步骤及方法

（1）开始前，记录现场待测设备名称及环境温湿度等相关信息。

（2）仪器设备开机。

（3）检查周围环境，排除干扰源，如风扇、空调等。

（4）检测开关室内的背景值，背景值测量时应选择和开关柜不接触的金属体进行背景测试，金属体包括高压室门、备用的开关柜、备用的断路器手车、接地排等，并记录背景暂态地电压测试值。背景值测试如图5−24所示。

图 5−24　背景值测试

（5）按规范进行暂态地电压局部放电检测，一般在柜体前面、后面、侧面进行测点选择，前面选2点，后面、侧面选3点，测试点位置选择如图5−25所示。

暂态地电压检测部位主要是母排（连接处、穿墙套管，支撑绝缘件等）、断路器、TA、TV、电缆等设备所对应到开关柜柜壁的位置，这些设备大部分位于开关柜前面板中部及下部，后面板上部、中部及下部、侧面板的上部、中部及下部。

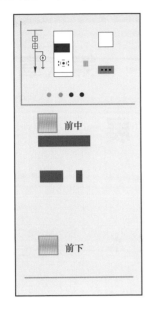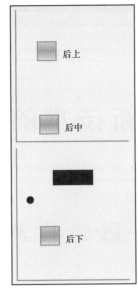

图 5－25　暂态地电压测试点位置

（6）检测时传感器应与高压开关柜柜面紧贴并保持相对静止，待读数稳定后记录结果，对每个测点进行测试，记录测点信息和测试幅值，根据记录表进行比较分析和判断。

三、数据分析与判断

暂态对地电压检测原理上是一种比较性的检测技术。如果某个开关柜上的暂态对地电压检测结果比同一开关室内、同一时刻检测的其他开关柜的信号幅值大（横向比较），或者比自身之前的测试数据大（纵向比较），就说明该开关柜存在故障的可能性比较大。如果这种趋势呈现尤为明显，且有随着时间推移而变得更严重，那么就应该开始采取相应的措施，并通过其他的检测方式进行复测。根据大量的实验以及现场的测试经验，得出以下判断数据供检测人员使用（见表 5－9）。

表 5－9　　　　　　　　　　　暂态地电压检测判断依据

项目	周期	标准	说明
暂态地电压检测	（1）半年至 1 年； （2）投运后； （3）大修后； （4）必要时	（1）若开关柜检测结果与环境背景相对值大于 20dB，需查明原因。 （2）若开关柜检测结果与历史值差值大于 20dB，需查明原因。 （3）若本开关柜检测结果与邻近开关柜检测结果差值大于 20dB，需查明原因。 （4）必要时，进行局部放电定位、超声波检测、特高频检测等诊断性检测	每个站所有开关柜检测时应使用同一设备进行。有异常情况时可开展特高频局部放电检测及定位检测，采集检测数据进行综合判断。 （1）新设备投运后 1 周内应进行一次检测。 （2）相对值：被测设备数值与环境数值（金属）差。 （3）异常情况可开展长时间在线监测。 注意 TEV 的检测，只是通过电容耦合式传感器对信号进行检测，能够简单的显示放电的大小，无法进一步分析信号的类型；可对异常的信号进行超声波和特高频检测，分析判断信号的类型

129

第六章

检测新技术的发展

第一节 离线检测技术

一、宽频阻抗谱测试分析技术

近年来，国内外研究者提出了一种利用较宽频域的阻抗谱测试分析技术对电力电缆的老化和缺陷进行诊断的测试方法。该方法最早运用于核电站的中压和低压电缆检测，已经有十多年的历史，是一种无损电缆状态的检测方法。它选取电缆特征阻抗为指标，进行电缆缺陷的研究分析，利用电缆阻抗谱检测电缆状态，在获取电缆阻抗谱后，通过特有算法将频域阻抗谱转换为空间域关于电缆长度的诊断函数，然后对电缆的薄弱部位进行定位。

（一）技术原理

根据传输线理论，一定长度的电缆线路可以用分布参数模型来表示，如图 6-1 所示。R、L、C 和 G 分别为单位长度的线路电阻，电感，电容和电导，在已知电缆物理参数的情况下，电缆单位长度的电阻、电感、电容和电导可由式（6-1）～式（6-5）计算得到。

$$dV(x) = I(x)(R + L)dx \qquad (6-1)$$

$$dI(x) = V(x)(G + C)dx \qquad (6-2)$$

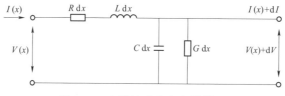

图 6-1 电缆线路分布参数模型

$$R \approx \frac{1}{2\pi}\sqrt{\frac{\mu_0\omega}{2}}\left(\frac{1}{r_c}\sqrt{\rho_c} + \frac{1}{r_s}\sqrt{\rho_s}\right) \qquad (6-3)$$

$$L \approx \frac{\mu_0}{2\pi}\ln\frac{r_s}{r_c} + \frac{1}{4\pi}\sqrt{\frac{2\mu_0}{\omega}}\left(\frac{1}{r_c}\sqrt{\rho_c} + \frac{1}{r_s}\sqrt{\rho_s}\right) \qquad (6-4)$$

$$G + i\omega C = i\omega\varepsilon\frac{2\pi}{\ln(r_s/r_c)} \qquad (6-5)$$

式中：r_c 和 r_s 分别是电缆芯线和金属护层的内半径；ρ_c 和 ρ_s 分别是电缆芯线和绝缘的电阻率；μ_0 是真空磁导率；ε 是绝缘的相对介电常数。

由此可以看出电缆单位长度的电阻、电感与电缆绝缘的介电性能 ε 无关，仅电缆单位长度的并联电导和电容与电缆的介电性能 ε 相关，电缆绝缘的状态会直接反映在这两个参数上。

故而，当电缆局部缺陷能够造成局部电应力增强时，局部绝缘性能下降和介电性能的下降均会导致单位长度的线路电容和电导将发生变化，再如假设电缆出现一处破损，由于几何结构的变化，破损处的分布电阻、电感、电容及电导均会发生变化，进而导致局部特征阻抗及传播系数发生改变，使得局部特征阻抗和局部传播系数发生变化，最终影响电缆整体的阻抗谱特征。以不同介电常数为变量开展电缆阻抗谱计算所得的阻抗幅频特性与相频特性如图 6-2 和图 6-3 所示。

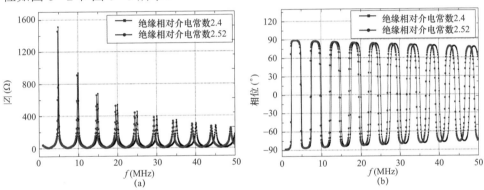

图 6-2 整体老化后 10kV XLPE 电缆首端阻抗谱

（a）阻抗幅频特性；（b）阻抗相频特性

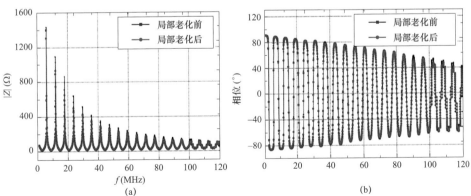

图 6-3 局部老化后 10kV XLPE 电缆首端阻抗谱

（a）阻抗幅频特性；（b）阻抗相频特性

由此可见电缆局部缺陷的信息可以表征在电缆的宽频阻抗谱上，对比同一电缆数次测量的电缆首端阻抗谱的变化，可以判断电缆局部缺陷的状态和发展趋势；但只有当电缆宽频阻抗谱转换为关于电缆长度的函数后，才能够根据该阻抗谱进行电缆的局部缺陷的定位，这也是该技术实现工程化应用的主要难点之一。

宽频阻抗谱诊断电缆局部缺陷的主要分析方法有线性共振分析法、快速傅立叶反变换法以及积分变换法。

（1）线路阻抗共振分析 LIRA（Line Resonance Analysis）最早是由位于挪威哈尔登的能源技术研究所（IFE）研发，通过施加 5V 的扫描频率信号，对在 10 000 种频率下的电缆阻抗进行测量计算，从而得到电缆的宽频阻抗谱。通过该机构所研发出的专有算法，可以精确评估出一段频率范围内电缆线路的阻抗谱，检测出电缆绝缘的局部缺陷，并最终通过特定的算法将线路阻抗转化成关于电缆长度的函数（Spot Signature），如图 6-4 所示，阻抗增益被用作与电缆绝缘老化严重程度的指标。在图 6-4（a）中，29.7km 的阻抗增益峰值代表电缆终端，在 2.5km 出附近所出现的两个阻抗增益峰值代表电缆接头连接处，连接处两端电缆型号不一致；在图 6-4（b）中的 22.5m 处的峰值表明电缆此处出现局部老化。目前 LIRA 的算法并没有公布，且诊断图中存在众多信号会导致误判，如图 6-4（b）中的三处畸变点。此外，诊断图也不能直接反映电缆缺陷的严重程度。

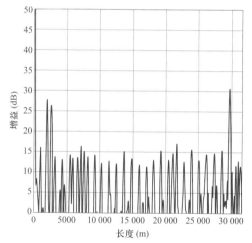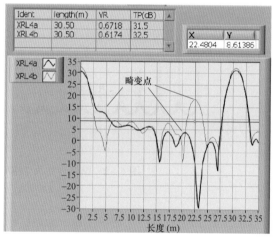

图 6-4　电缆阻抗和电缆长度的关系

（2）快速傅立叶反变换法 IFFT 是近年来由日本学者 Yoshimichi Ohki 在研究电缆的宽频阻抗谱的过程中提出的。该技术通过快速傅立叶反变换来分析所得到的电缆宽频阻抗谱，可以通过电缆阻抗幅值和相位在电缆老化前后的变化比对来实现电缆缺陷及故障的检测与定位。与 LIRA 方法的不同在于二者获得诊断函数的算法存在较大差异，且傅立叶反变换法的频谱上限的要求更高。目前，该方法仍停留于试验阶段，试验中的样品电缆长度均不超过 30m，试验对经过辐射老化的电缆和不同浓度盐水腐蚀后的含水树电缆分别进行了测试，如图 6-5 所示。在图 6-5 中"as"代表电缆绝缘没有缺陷，"H"代表电缆绝缘有小孔，孔中没有氯化钠溶液，由图 6-5 可知，在距离电缆终端 25m 处，存在水树枝，水树程度可以反映在阻抗增益上，然而该方法对含有多种局部缺陷的电缆没有进行实验分析。

与 LIRA 方法类似，该方法也存在众多误判信号，如图 6-5（a）中 4m 处所出现的峰值，且 IFFT 的算法细节没有公布，为了改善该方法的效果，则要求阻抗频谱的上限越高越好，这必然就对测量设备的要求更高，且频率过高时测量夹具连接处对测试系统的影响将不可忽视，经济性较低。

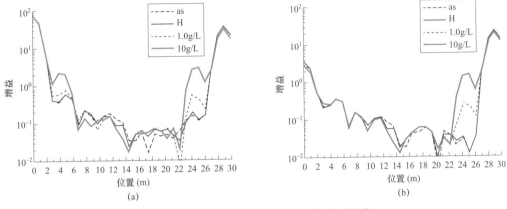

图 6-5 电缆绝缘发生水树时的电缆阻抗谱

（a）阻抗；（b）相角

（3）积分变换法是华中科技大学何俊佳教授团队对基于宽频阻抗谱的电缆局部缺陷诊断的研究成果中提出的。在获得电缆的阻抗谱后，通过积分变换将电缆频域阻抗谱变换为空间域函数，以此获得电缆局部缺陷关于电缆长度的函数表达式缺陷电缆的积分变换值/完好电缆的积分变换值，如图 6-6 所示。由图 6-6 的峰值可以看出，电缆样品 1 和 2 均在电缆长度为 20m 处存在局部缺陷，电缆样品 4 和 5 均在电缆长度 20m 和 35m 处存在两处局部缺陷；缺陷电缆的积分变换值/完好电缆的积分变换值不能直接反映局部缺陷的严重程度，且缺陷电缆的积分变换值/完好电缆的积分变换值随着电缆长度的增加会有所衰减。目前，该方法仍然以仿真计算为主，样品试验为辅，没有实际的现场测量数据，缺少电缆中断复杂结构对电缆阻抗谱的影响考量，也没有考虑芯线偏芯，电缆绝缘厚度不一致等实际电缆制造中的瑕疵问题。

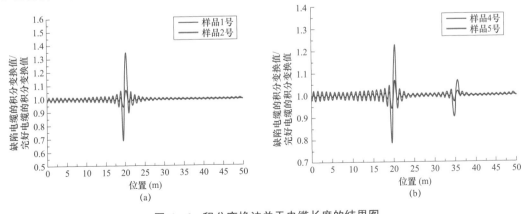

图 6-6 积分变换法关于电缆长度的结果图

（a）1 号、2 号样品阻抗比对；（b）4 号、5 号样品阻抗比对

（二）应用前景

国内外在电缆宽频阻抗谱检测分析技术的研究与应用中仅发现电缆局部缺陷出现后阻抗谱会发生变化，但并不能系统地解释阻抗谱与电缆局部缺陷的内在关联性，在缺陷程度评估与定位算法等关键技术方面尚未成熟。目前湖南、湖北等地区开展了试点应用，结果表明宽频阻抗谱检测分析技术在配电电缆线路状态检测、缺陷定位与老化评价上具有良好的应用前景，该技术采用低压激励方式能有效避免电缆绝缘的累计损伤，如能形成完备的理论体系和完善的测试方案，将有效支撑开展配电电缆状态普测，与超低频介质损耗检测技术联合使用，实现缺陷点的快速查找定位，提升状态检测工作效率、效益。

二、极化—去极化电流检测分析技术

极化与去极化现象普遍存在于电介质之中，由交联聚乙烯绝缘材料构成的电力电缆同样也具有这种现象。用高压直流电源对该材料施加直流电压并持续一段时间后，将会有小电流通过这段材料。此电流主要由容性电流（pA 级）和传导电流组成，流经该绝缘材料的总电流被称为极化电流。在移除高压直流电源后，绝缘材料可以被视作 1 个存有电能的电容器，放电过程产生的电流被称为去极化电流。整个极化—去极化过程构成了极化—去极化电流测试。该方法可应用于 XLPE 电缆整体的检测，测试更加快捷简便，灵敏度更高，并且对电缆不会造成任何损伤，同时得到的数据更能够准确地反映出电缆的绝缘性能情况。

（一）技术原理

在缆芯与屏蔽层之间施加直流电压后，电缆可以等效为由缆芯和屏蔽层构成的电极板以及由绝缘层构成的电介质所组成的电容器模型。对 XLPE 电缆的极化—去极化过程即为对该等效电容器的极化—去极化过程。已有研究表明：老化后 XLPE 电缆的电介质中比新电缆存在更多水树、电树和多孔结构，且靠近缆芯处更为密集；而水树会引起 XLPE 绝缘材料介电常数增大以及电导率升高等现象。外加强电场的作用会致使新电缆与老化电缆内外半导电层上的感应电荷发生不同程度的变化，通过检测手段得到的极化—去极化电流曲线必然不同。该曲线包含 XLPE 材料大部分特征参数（电导率和介电常数等），通过对该曲线的分析将能够在某种程度上直接反映出电缆绝缘层情况（见图 6-7）。因而这使 PDC 方法检测 XLPE 电缆绝缘老化成为可能。

通过对比不同电缆的去极化放电电流曲线可以发现：放电初期，在短时间内电流由 μA 级骤降至 nA 级，该过程中老化电缆放电速率比新电缆更快；经过较长时间，电流由 nA 级降至 pA 级，最终稳定在 pA 级，此时老化电缆放电电流值远大于新电缆，电缆充电电压越高且充电时间越长，去极化电流值就越大。

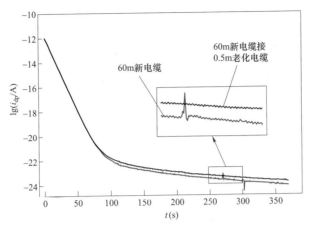

图 6-7 **60m 新电缆与 60m 老化电缆去极化过程**

（二）应用前景

该技术与超低频介质损耗技术类似，均适用于电缆线路整体老化程度的诊断评估，但该技术所需施加电压较低，对绝缘的累计损伤风险更低，理论上更加适用于长运行年限电缆线路的状态检测，但由于其检测电流为 pA 级，在实施过程中如何抑制现场环境带来的干扰是目前需重点解决的问题。

三、X 射线检测成像技术

X 射线检测成像是在不破坏电缆设备的基础上，通过用 X 射线穿透试件查看电缆设备的内部情况，及时发现电缆设备的潜在运行隐患（如外力破坏伤及电缆主绝缘、电缆应力锥移位、半导电处理不良、铜带处理不良等），避免电缆设备意外击穿造成的停电事故。也在一定程度上减少了电缆设备的更换频度（未威胁电缆正常运行的微小缺陷），减少了电网设备重复投资。

（一）技术原理

用 X 射线在穿透物体过程中会与物质发生相互作用，因吸收和散射而使其强度减弱。强度衰减程度取决于物质的衰减系数和射线在物质中穿越的厚度。如果被透照物体（试件）的局部存在缺陷，且构成缺陷的物质的衰减系数又不同于试件，该局部区域的透过射线强度就会与周围产生差异。把胶片或其他成像器件放在适当位置使其在透过射线的作用下成像。由于缺陷部位和完好部位的透射射线强度不同，底片上或成像器件相应部位就会出现黑度或灰度差异。相邻区域的黑度差定义为"对比度"，对比度构成的不同形状的影像，进而判断被检测物体内部是否有缺陷或观察内部结构状态。配电电缆附件缺陷 X 射线成像图如图 6-8 所示。

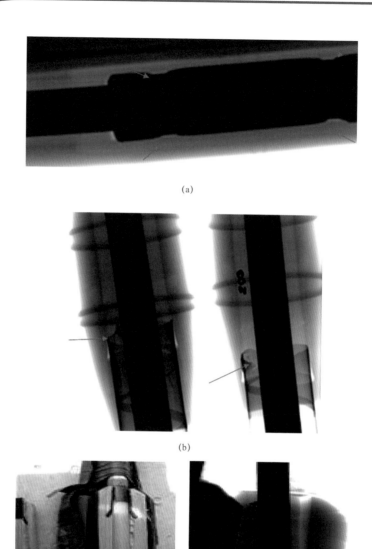

(a)

(b)

(c)

图 6-8　配电电缆附件缺陷 X 射线成像图

（a）接头压接不良；（b）铜屏蔽处理不良；（c）接头与电缆本体不配套

（二）应用前景

X 射线检测成像技术适用于电缆及附件结构、材料属性、各类非贯穿性集中性缺陷的特征的快速与直观检查，能有效降低外破、变形及施工安装类缺陷类型及其劣化程度的误判，为合理选择检修方式及时提供参考依据。但 X 射线检测对现场防护要求较高，且成像角度对于缺陷的诊断极为重要，因此，并不适用于密集、狭小的通道环境。

第二节 带电检测与在线监测技术

一、高频电容耦合局部放电检测技术

配电电缆金属屏蔽双端直接接地且无中间接头接地回路的系统模式，使得开展高压电缆线路典型的高频电磁耦合局部放电带电检测技术难以直接应用。而传统的电容耦合法是利用环至于电缆外护套表面（外置法）或金属护套（内置法）的金属电极分别与金属护套或导体线芯形成环形电极，耦合电缆内部放电达到局部放电检测的目的，有以其应用形式的不同，衍生出例如差分法、方向耦合法等具体的实现方法。但上述方法在配电电缆应用时受限于电容耦合能力与传感器布置复杂度，应用成效极低。现阶段，国内外研究者通过将电容耦合法与特高频耦合法相结合，形成了一种信息的高频电容耦合局部放电检测技术，该技术不仅实现非接触条件下近距离局部放电耦合，同时克服了传统特高频信号检测覆盖范围较小的不足，为实现配电电缆线路带电局部放电检测提供了新的思路与手段。

（一）技术原理

该技术尚未广泛应用并形成相关技术标准，但其基本原理主要为采用特制的球型或板型等天线，对电缆线路内部局部放电信号进行耦合，并通过物理、数字滤波及信号增益技术的综合应用，将其检测带宽限于 $1\sim100MHz$，通过目前市场应用的几类检测装置性能来看，其检测灵敏度与高频电磁耦合传感器（HFCT）基本一致，由于采用了非接触式耦合方式，其应用不受检测信号传输路径影响，可以临近局部放电疑似点进行检测，避免了局部放电传播衰减带来的影响，因此，在开展局部放电检测时，既不用在接地线或电缆外护套表面现场安装传感器，又可以通过信号线或无线信号通信实现检测人员的安全隔离，理论上局部放电检出率和应用便捷性更优。但如何克服配电电缆三芯统包结构带来的相间干扰、密集敷设条件下空间电磁信号干扰以及准确获取局部放电检测参考相位频率等问题，仍是其应用过程中提升检测准确度和应用成效急需解决的核心难题。典型高频电容耦合局部放电检测传感器如图 6-9 所示，部署示意图如图 6-10 所示，检测示意图如图 6-11 所示。

（二）应用前景

为进一步降低状态检修对线路停电检修时间的影响，并在保障检测效果的基础上降低高压试验对老旧电缆绝缘潜在损伤，研发和建立适用于配电电缆的带电、无损检测技术手段、优化状态检测应用便捷性是目前配电电缆运维管理中的突出难题，针对离线诊断试验发现的异常缺陷开展精确定位检测以及网架结构不满足大规模开展电缆离线试验的运维单位而言，应用非接触式高频局部放电检测传感器意义巨大，既能满足配电电缆带电检测需求、降低离线诊断试验应用频度，也能降低运维人员试验检修压力，该技术具有良好应用前景。

图 6-9 典型高频电容耦合局部放电检测传感器

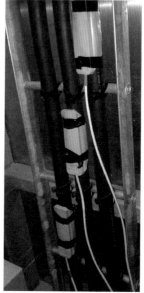

图 6-10 典型高频电容耦合局部放电检测传感器部署示意图

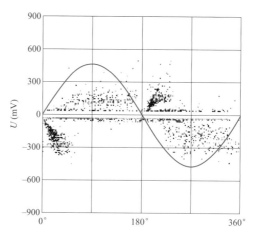

图 6-11 某 35kV 电缆线路局部放电检测示意图

二、谐波分量带电检测分析技术

基于谐波分量开展电缆绝缘诊断是一种源于日本的带电检测技术，可以检测电缆的绝缘层、保护层和屏蔽层的状态，电缆接头的制作质量，预测电缆的剩余使用寿命等。对于电缆本体绝缘层的一些特定的缺陷，包括局部放电、水树枝、微裂纹、气泡、外力导致的疲劳损伤、应力导致的老化，或是对于屏蔽层的劣化、老化以及中间接头的变形、绝缘缺陷等，均具有一定的检测能力。相较于大多数离线检测技术，该技术的主要特点是可以在不停电的状态下对电力电缆进行状态监测，采用非接触的检测方式以确保人身安全，对电缆本体也没有任何伤害，可应用于电缆的日常巡检工作，或是用于诊断一些无法安排停电检测的特定线路。

（一）技术原理

电缆发生故障或自然劣化时，磁通量会发生不同程度的波形紊乱。电缆导体如发生部分电子运动方向改变（对地泄漏或涡流）产生过热，将会在工作电流的各次谐波成分中体现出来，通过对各次谐波的含有率计算可准确分析电缆的健康运行状态，原理如图 6-12 所示。根据电磁感应原理。初级侧是被测电缆，次级侧是探头线圈。磁场通过空气间隙，铁氧体形成闭合回路。根据楞次定律，$e=-\mathrm{d}\varPhi/\mathrm{d}t$，在二次侧感应出电动势。通过检测流经电力电缆的高次电流谐波，对电缆本体部、连接部的劣化度进行评估诊断，以推算电缆劣化发展状态的过程。

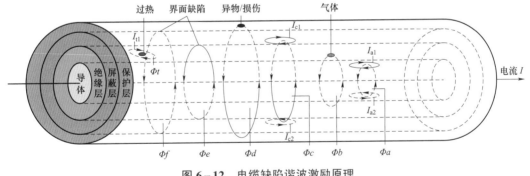

图 6-12 电缆缺陷谐波激励原理

具体步骤如下。

（1）计算总谐波失真率（THD），设定为 2 次到 40 次谐波。

（2）用各次数的谐波含有率除以总谐波失真率，得出指数 THK。

（3）通过各次谐波的贡献率计算电缆的各项劣化值。

（4）根据劣化值和电缆的使用年限，利用韦伯尔函数计算电缆的剩余使用寿命，对比数据库输出诊断报告。

（5）定期检测形成电缆健康的动态化趋势管理。

谐波法分量检测系统由信号采集器、传感器、管理软件和专家数据库四部分组成，如图 6-13 所示。

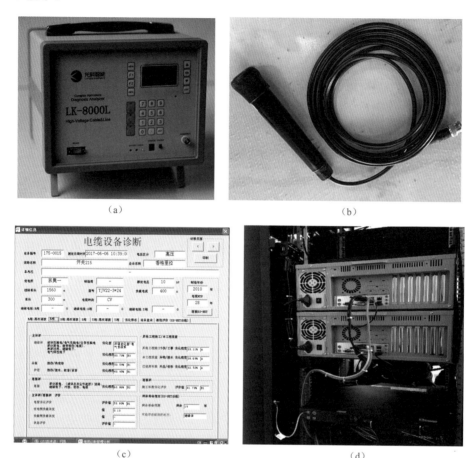

图 6-13　谐波分量检测系统组成
（a）信号采集器；（b）传感器；（c）管理软件；（d）专家数据

现场采集信号时传感器与采集器相连接，电流谐波信号通过传感器导入采集器，经过 FFT 转换后并储存。采集器与软件管理系统相连，分析后的数据从采集器导入管理软件。管理软件通过网络与数据库相连，经分析后输出检测报告。检测流程如图 6-14 所示。

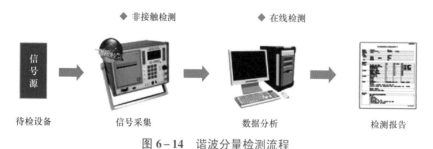

图 6-14　谐波分量检测流程

当电缆的三相可以分开时，在每一相电缆的首尾两端分别提取 2 次电流谐波信号。经信号采集器处理后通过管理软件上传到专家数据库进行比对，然后输出诊断报告。现场测试中，由于三相无法分开检测，实测时按照 120°角检测 3 次。这样三个检测报告中无法对应实际的三相电缆，只能在三个报告中找到最差的一个报告进行解读，分析电缆的整体老化状态。而且电缆只有一端裸露在外，所以只能够在电缆的一端提取电流谐波信号。这种方法的检测结果会有一定偏差，但劣化值诊断误差最大不超过 9%。现场测试照片及测试角度如图 6-15 所示。

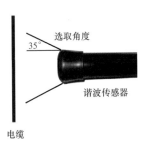

图 6-15　现场测试照片及测试角度

当前，谐波带电检测分析新技术处在试用及验证阶段，目前国内外尚未形成相关标准或规范。检测结果诊断主要是依据国外科研人员多年实验室和现场经验数值判断。检测结果均以量化百分比为劣化值分析电缆各部分的老化程度，数值越高老化程度越严重。劣化值是根据谐波含有率和主成分分析的贡献率计算自动生成的，评价内容是根据劣化值与数据库对比得到的。有时虽然劣化值相同但评价不同，是因为老化的性质不同，谐波贡献率的计算也不同。电缆的劣化值分析有如下规律。

（1）本体部绝缘体劣化值：＞75%电缆会出现电树枝局部放电的现象；＞80%电缆易出现水树；＞90%以上时，建议应停电检查。

（2）本体部屏蔽层劣化值：＞70%易出现老化和变形。

（3）本体部屏蔽层保护层：＞70%易出现老化和变形。

（4）连接部劣化值：＞70%易出现变形、放电和浸水等缺陷。

（5）负荷状况：＜0.02 时电缆的耐负荷能力差，建议检修。

（6）剩余使用寿命：只在劣化值大于 70%时开始判断，剩余年限是根据输入的电缆制造年份和劣化值为依据利用韦伯尔系数判断的。

（二）应用前景

目前谐波法电缆绝缘诊断技术在国内外有一定的使用经验，国内主要在北京、上海等地区进行了初步的研究和试用。从使用情况来看，可以实现对电力电缆的老化和缺陷在带电状态下检测，能够较为准确判断老化和缺陷的性质和异常程度。测试系统具有操作简单、检测速度快等特点，对操作人员技术门槛要求较低，适合电力电缆检测现场应用。未来，随着现场试点应用的进一步经验积累，将有可能在配电网中压电缆线路检测、运维工作中得到推广应用。

配电电缆线路 检测技术

参 考 文 献

[1] 卓金玉. 电力电缆设计原理 [M]. 北京：机械工业出版社，1999.

[2] 中国机械工程学会无损检测分会，超声波检测 [M]. 北京：机械工业出版社，2004.

[3] 郑肇骥，王琨明. 高压电缆线路 [M]. 北京：水利电力出版社，1981.

[4] 郑世才. 射线检测. 北京：机械工业出版社，2004.

[5] 张淑琴. 110kV 及以下电力电缆常用附件安装实用手册. 北京：中国水利水电出版社，2014.

[6] 张东斐. 国家电网公司生产技能人员职业能力培训专用教材　配电电缆. 北京：中国电力出版社，2010.

[7] 王卫东. 电缆制造技术基础 [M]. 北京：机械工业出版社，2017.

[8] 王卫东. 电缆工艺技术原理及应用 [M]. 北京：机械工业出版社，2011.

[9] 王伟. 交联聚乙烯（XLPE）绝缘电力电缆技术基础 [M]. 西安：西北工业大学出版社，2005.

[10] 王伟，阎孟昆，姜芸，严有祥. 交联聚乙烯（XLPE）绝缘电力电缆概论. 西安：西北工业大学出版社，2018.

[11] 图厄. 电力电缆工程 [M]. 北京：机械工业出版社，2014.

[12] 输电电缆六防手册 [M]. 北京：中国电力出版社，2017.

[13] 史传卿. 供用电工人职业技能培训教材·电力电缆. 北京：中国电力出版社，2006.

[14] 史传卿. 安装运行技术问答·电力电缆. 北京：中国电力出版社，2002.

[15] 马国栋. 电线电缆载流量 [M]. 北京：中国电力出版社，2003.

[16] 刘子玉. 电气绝缘结构设计原理（上册）电力电缆 [M]. 北京：机械工业出版社，1981.

[17] 李宗延，王佩龙，赵光庭，等. 电力电缆施工手册. 北京：中国电力出版社，2002.

[18] 李家伟、陈积懋. 无损检测手册 [M]. 北京：机械工业出版社，2002.

[19] 姜芸. 国家电网公司生产技能人员职业能力培训专用教材　输电电缆. 北京：中国电力出版社，2010.

[20] 张晓惠. 国家电网公司生产技能人员职业能力培训专用教材　电气试验. 北京：中国电力出版社，2010.

[21] 韩伯锋. 电力电缆试验及检测技术. 北京：中国电力出版社，2007.

[22] 国家电力监管委员会电力业务资质管理中心. 电工进网作业许可考试参考教材·特种类电缆专业. 杭州：浙江人民出版社，2012.

[23] 陈天翔，王寅仲，海世杰. 电气试验（第二版）. 北京：中国电力出版社，2008.